P. Nahke / P. Wirtz

UNTERWASSERFÜHRER MALEDIVEN

Fische

P. Nahke / P. Wirtz

UNTERWASSERFÜHRER
MALEDIVEN

Fische

Delius Klasing
EDITION NAGLSCHMID

Die Deutsche Bibliothek – CIP-Einheitsaufnahme

Unterwasserführer Malediven = Underwaterguide Maldives
Hrsg. Friedrich Naglschmid. –
Bielefeld: Delius Klasing; Stuttgart: Ed. Naglschmid.
Text dt. und engl. – Literaturangaben.
NE: Nahke, Peter
Underwaterguide Maldives
Fische. – 4. Aufl. – 2000
(Unterwasserführer; Bd. 3)
ISBN 3-89594-033-X
NE: Wirtz, Peter

4. Auflage
ISBN 3-89594-033-X

Herausgeber: Dr. Friedrich Naglschmid/MTi-Press, Stuttgart
Umschlaggestaltung: Buchholz / Hinsch / Hensinger, Hamburg
Titelfoto: Ocean, Images, München
Zeichnungen: Stephanie Naglschmid/MTi-Press
Englische Übersetzung: D. und S. Gaffan
Druck: Kunst- und Werbedruck, Bad Oeynhausen
Printed in Germany 2000

Dieses Buch wurde auf umweltschonendem, chlorfrei gebleichtem Papier gedruckt.

INHALT - CONTENTS

SCHEMA EINES KNOCHENFISCHES
SCHEME OF A BONEFISH

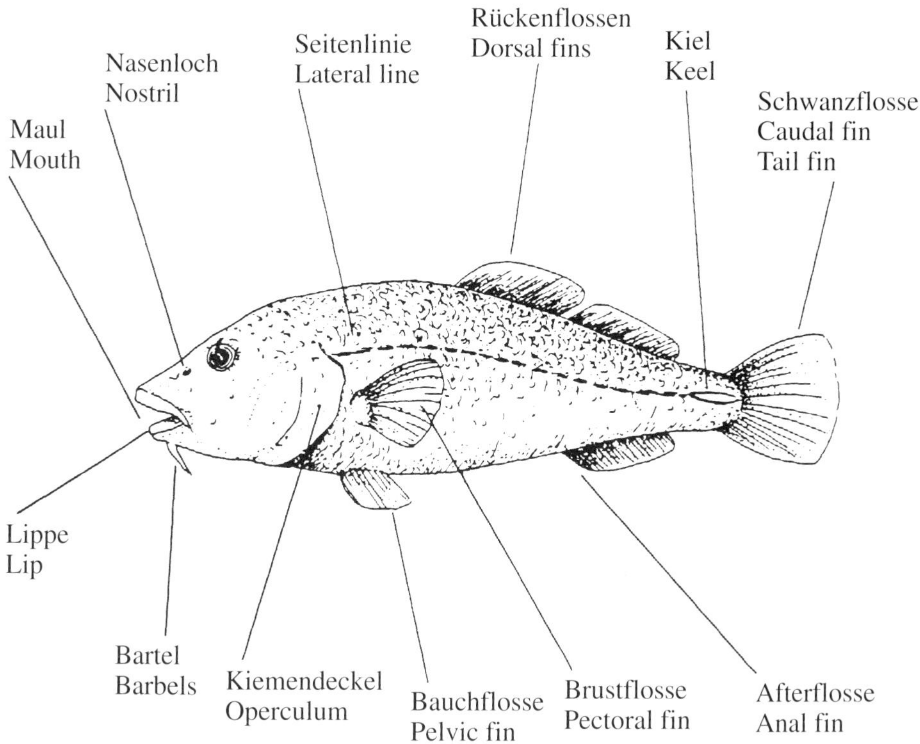

Ein Korallenriff kann man nicht eigentlich beschreiben, man muß es gesehen haben, um es ganz zu würdigen.

Ernst Haeckel

EINLEITUNG

Wenige Jahrzehnte ist es erst her, daß die Malediven als noch unberührtes Inselparadies einer breiten europäischen Bevölkerung vorgestellt wurden: Hans Hass' einzigartiger Film über die „Xarifa-Expedition 1957/1958", der auch in der fremdartigen Unterwasserlandschaft der maledivischen Korallenriffe gedreht wurde, lief wochenlang in den Kinos.
Damals war der Besuch der unzähligen kleinen Inseln noch ein richtiges Abenteuer. Das „Reich der 1.000 Atolle" lag abseits der großen Schiffahrtswege, weit draußen im Indischen Ozean. Doch aus dem verträumten Inselstaat, der sich südlich des indischen Subkontinents über 800 Kilometer von Nord nach Süd ausdehnt und den Äquator kreuzt, wurde in wenigen Jahren ein beliebtes Urlaubsziel für viele sonnenhungrige Westeuropäer.
Heute bringen Großraumflugzeuge im zehnstündigen Nonstop-Flug die Malediven-Reisenden aus den europäischen Metropolen nach Hulule, der Flughafeninsel gegenüber der Hauptstadt Male. Doch vom Alltag der knapp 200.000 Einheimischen bekommt der Tourist kaum etwas zu sehen: Sofort nach der Ankunft wird er von der Flughafeninsel mit dem Transfer-Boot auf eine der vielen Hotelinseln übergesetzt.

Nicht nur für Taucher

Diese Inseln, meist so klein, daß sie in wenigen Minuten zu Fuß umrundet sind, locken mit feinstem Korallensand, leeren Stränden, großen, schattenspendenden Palmen, viel Sonne und einem professionell durchorganisierten Tauchbetrieb rund um die Uhr.
Tauchen ist mit Abstand das Freizeitangebot Nummer eins – und der Tauchbetrieb läßt auf den Malediven kaum Wünsche offen. Jede Insel hat ihre Basis, alle bieten auch Anfängerkurse an. Für die Geübten gehören Strömungs- und Nachttauchgänge zum täglichen Programm, die Unterwasserfotografen streifen stundenlang am Hausriff durch die Korallenlandschaft. Nur für die Tiefenfanatiker unter den Sporttauchern haben die Malediven rein gar nichts zu bieten: Tiefer als 30 m in die Unterwasserwelt der Korallenriffe vorzudringen, ist auf den Malediven verboten.
Die Malediven sind für ihren Fischreichtum berühmt. Bereits Maske und Schnorchel genügen, um einen ersten Eindruck von der Formenvielfalt und Farbenprächtigkeit der Tierwelt in den lichtdurchfluteten Wasserschichten der Rifflandschaft zu bekommen. Nur wenige Meter vor den Hotelbungalows beginnt auf vielen Inseln das „Hausriff". Selbst in der nur knietiefen Lagune und über dem Riffdach, das bei Flut kaum einen Meter unter der Wasseroberfläche

liegt, verschafft die Taucherbrille Zugang zu einer anderen, fantastischen, fremden Welt.
Viele der in diesem Buch aufgeführten Fische sind schnorchelnd von der Oberfläche aus zu beobachten, Muränen und Adlerrochen genauso wie Zackenbarsche, Falter-, Doktor- oder Anemonenfische. Die Zaubergärten, in die man eintaucht und durch die man sich im warmen tropischen Wasser stundenlang treiben lassen kann, sind eine (fast) reine Tierlandschaft, denn auch das Korallenriff selbst wurde von Tieren, den winzigen Korallenpolypen, gebaut.

Tiere und Pflanzen über Wasser

Abgesehen von der enormen Artenvielfalt des Korallenriffs haben die Inseln mitten im Ozean an Pflanzen und Tieren nur wenig zu bieten. Immer wieder sieht man vereinzelt Seevögel dicht über das Wasser streichen, Fischreiher ebenso wie Möwen und Seeschwalben. Bei nächtlichen Spaziergängen am Strand fallen die großen Flughunde auf, wenn sie auf ihrer Futtersuche von einer Palme zur anderen streichen. Den Tag verschlafen diese Säuger gut versteckt in den hohen Wipfeln der Bäume. Am Strand kann man Landeinsiedlerkrebse und die schnellen Reiterkrabben beobachten. Ungebetene, aber nützliche Gäste der meisten Hotelzimmer sind die Geckos. Sie machen in unmittelbarer Nähe der Wand- und Deckenlampen Jagd auf Insekten.
Unter den Pflanzen sind es vor allem die hochwüchsigen, schlanken Kokospalmen, die das Bild der Koralleninseln prägen. Auch die Schraubenpalmen mit ihren auffallenden Luftwurzeln sind häufig. Diese Palmenart hat rote, handballgroße Früchte.

Klima

Wer auf die Malediven fliegt, hat keine Kleidersorgen. Egal ob im Dezember, Mai oder September, tagsüber benötigt man nicht mehr als seine Badekleidung. Auf die allerdings darf man auf den Hotelinseln beim Sonnenbaden und Schwimmen nicht verzichten: ganz ohne und oben ohne ist verboten. Neben Badeanzug, Badeschuhen, Bikini oder Badehose genügt leichte Baumwoll- oder Leinenkleidung, tagsüber als Schutz gegen die sengende Äquatorsonne, nach Einbruch der Dunkelheit zum Abendspaziergang.
Die Lufttemperatur, die tagsüber um 28 Grad Celsius liegt, fällt nachts nur um wenige Grad. Wie die Tag-/Nachttemperaturen sich kaum unterscheiden, so sind auch die Temperaturschwankungen im Laufe des Jahres gering. Ähnlich verhält es sich auch mit der relativen Luftfeuchtigkeit. Sie weicht jeweils nur wenige Prozent vom jährlichen Durchschnittswert von 79 Prozent ab. Egal, in welchem Monat man auf die Malediven fährt, man muß mit wenigen, meist kurzen Regenschauern rechnen. Am niedrigsten ist die Niederschlagsmenge in den Monaten Dezember bis April. In diesen Monaten weht der Nordost-Monsun über die Inseln. Doch auch, wenn der etwas regenreichere Südwest-Monsun in den Monaten Mai bis November das Wetter bestimmt, scheint meist die Sonne. Die Wassertemperaturen liegen das ganze Jahr über zwischen 27 und 29 Grad Celsius.

One cannot adequately describe
a coral reef.
One has to see it
to appreciate it entirely.
Ernst Haeckel

PREFACE

It was only a few decades ago that the Maldives were first introduced to the European public at large as an untouched island paradise: Hans Hass' exceptional film about the "Xarifa Expedition 1957/1958", partly shot in the underwater wonderworld of the Maldivian coral reefs, ran for many weeks in the cinemas.
In those days a visit to the innumerable little islands was still a true adventure. The "Kingdom of the Thousand Atolls" lay far off the main sea routes south of the Indian subcontinent, way out in the Indian Ocean. However, this idyllic island state which extends for over 800 km from north to south and crosses the equator, has within a few years become a favourite holiday spot for many sunseeking Western Europeans.
Today travellers to the Maldives arrive in jumbo jets after ten-hour non-stop flights from the metropolises of Europe, landing at Hulule, the airport island opposite the capital Male.
The tourist sees hardly anything of the everyday lift of the Maldives 200000 inhabitants. Directly after arrival he is transported from the airport island by transfer boat to one of the many hotel islands.

Not just for divers

These islands, mostly so small that one can walk around them in a few minutes, have many attractions: sunshine, empty beaches with very fine coral sand, tall shady palm trees and professionally organised round-the-clock diving.
Diving is without doubt the most popular leisure activity – and on the Maldives the organisers seem to have thought of everything. Every island has its own base, each offering courses for beginners.
For the more experienced the daily programme includes current and night-diving; underwater photographers rove for hours through the coral landscape of the home reef. Only the depth fanatics amongst the sport divers will find that the Maldives have nothing to offer, for diving below 30 metres in the underwater world of the coral reefs is not allowed. The Maldives are renowned for their abundance of fish. A mask and snorkel are quite sufficient to gain a first impression of the variety of shapes and the magnificent colours of the natural world within the translucent water layers of the reef. On many islands the "home reef" lies only a few yards away from the hotel bungalows. Even in the

knee-deep water of the lagoon and on the reef flat, which at high tide is barely a metre under water, a diving mask is all you need to enter a fascinatingly different and strange kingdom.
Many of the fish described in this book can be seen by snorkling on the water surface; morays and eagle rays as well as groupers, butterfly fish, surgeonfish or clownfish. The reef is a magic garden in which one can dive and float for hours in warm tropical waters; it is an (almost) complete living world, for the coral reef itself was and continues to be made by living organisms, tiny coral polyps.

Animal and plant life above water.
Apart from the tremendous variety of marine creatures living within the coral reef there is little plant or animal life actually upon the land of these islands in the middle of the Indian Ocean. Every now and again one sees sea birds – herons, gulls and terns – fling low over the water. When out for an evening walk along the beach one may notice large fling foxes flitting from one palm tree to another in search of food. These mammals spend the daylight hours asleep, well hidden in the high treetops. On the beach there are hermit crabs and fast-moving ghost crabs to be seen. Geckos are uninvited but not unwelcome guests in most hotel rooms; they hunt the insects which the wall and ceiling lights attract. The plant most characteristic of the coral islands is the tall, slender coconut palm. Another common species is the screw pine with its conspicuous aerial roots and handball-sized red fruit.

Climate
Clothes ar no problem on the Maldives. Whether one goes there in December, May or September all one needs during the day is bathing gear. On the hotel islands that is a must, however, as topless or nude sunbathing and swimming is not allowed. Apart from a bathing costume, bathing shoes, bikini or swimming trunks light cotton or linen clothing is all that is needed as protection from the burning equatorial sun during the day and for an evening walk after sunset.
The daytime temperature averages around 28 degrees Centigrade (82 degrees Fahrenheit) and drops only a few degrees at night. The seasonal temperatures vary as little as the daily ones. The humidity remains more or less constantly around the annual average of 79 %. At whatever season one visits the Maldives there are bound to be a few, usually short showers. It rains least between December and April when the northwest monsoon is blowing over the islands. However, even during the wetter southwest monsoon period from May to November the sun shines most of the time. The water temperature is between 27 and 29 degrees Centigrade (81 and 84 degrees Fahrenheit) all year round.

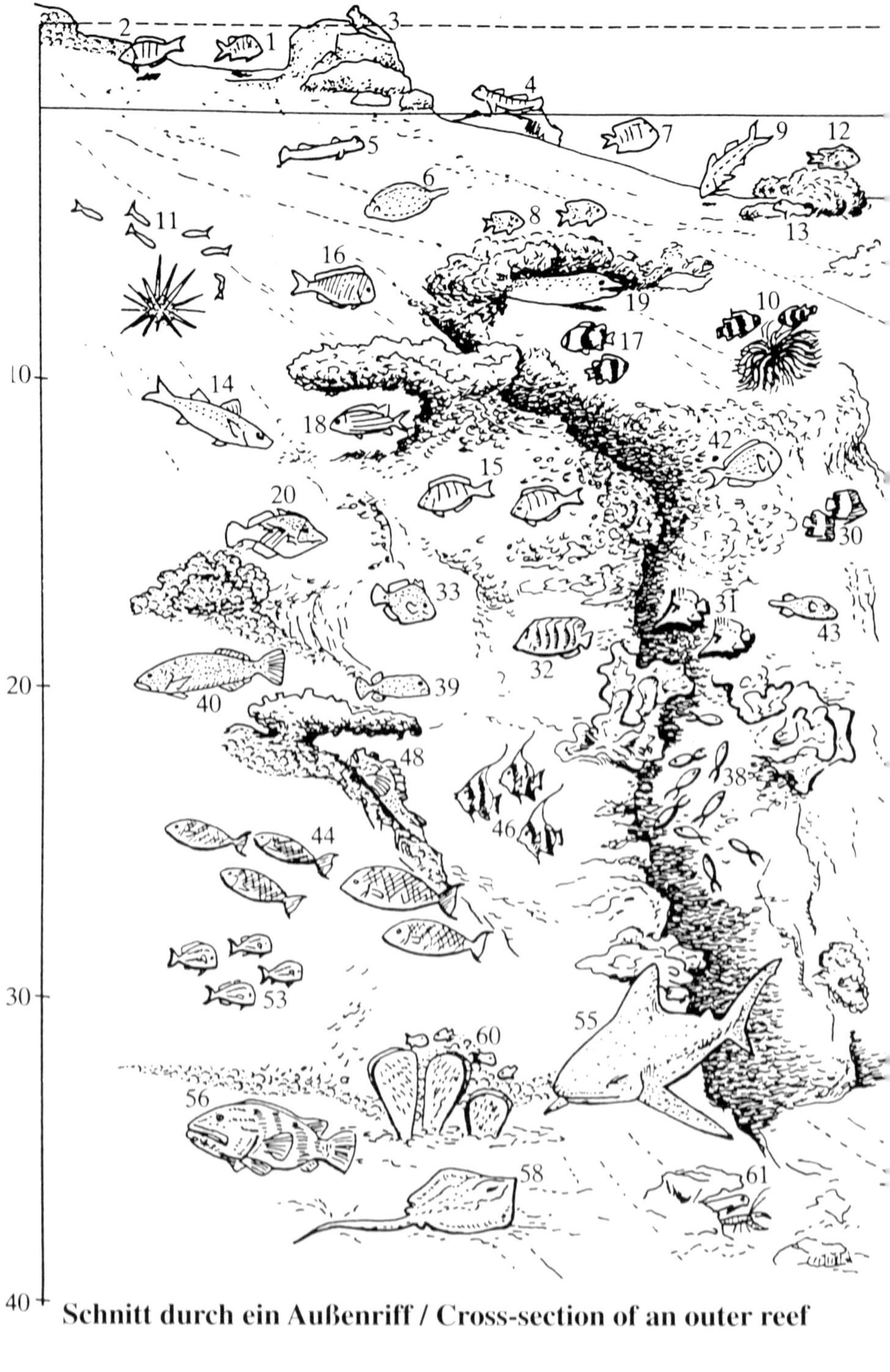

Schnitt durch ein Außenriff / Cross-section of an outer reef

21
23
22
24
28
26
36
27
29
25
37
35
34
47
41
54
45
49
52
51
50
62
57
59

1	Korallenbarsch	Sergeant fish
2	Doktorfisch	Surgeonfish
3	Blenniide	Blenny
4, 5	Blenniiden und Grundeln	Blennies and Gobies
6	Butt	Left-eye Flounder
7, 8	Korallenbarsch	Sergeant fish
9	Meerbarbe	Goatfish
10	Anemonenfisch	Clownfish
11	Kardinalfisch	Cardinal fish
12	Korallenbarsch	Sergeant fish
13	Blenniide	Blenny
14	Meeräsche	Mullet
15, 16	Doktorfisch	Surgeonfish
17	Riffbarsch	Damselfish
18	Soldatenfisch	Squirrelfish
19	Muräne	Moray eel
20	Drückerfisch	Triggerfish
21	Lippfisch	Wrasse
22	Barrakuda	Barracuda
23	Hornhecht	Needlefish
24	Halbschnabelhecht	Halfbeak
25	Teufelsrochen	Manta
26	Lippfisch	Wrasse
27	Putzerlippfisch	Cleaner wrasse
28	Doktorfisch	Unicornfish
29	Riffbarsch	Damselfish
30, 31	Falterfisch	Butterflyfish
32	Kaiserfisch	Angelfish
33	Drückerfisch	Triggerfish
34	Falterfisch	Butterflyfish
35	Papageifisch	Parrotfish
36	Drückerfisch	Triggerfish
37	Ährenfisch	Silverside
38	Fahnenbarsch	Anthias
39	Kofferfisch	Trunkfish
40	Zackenbarsch	Grouper
41	Wimpelfisch	Bannerfish
42	Doktorfisch	Surgeonfish
43	Kugelfisch	Puffer
44	Doktorfisch	Unicornfish
45	Füsilier	Fusilier
46	Halfterfisch	Moorish idol
47	Stachelmakrele	Jack
48	Skorpionsfisch	Scorpionfish
49	Schnapper	Snapper
50	Rotfeuerfisch	Turkeyfish
51	Kardinalfisch	Cardinal fish
52	Soldatenfisch	Squirrelfish
53	Meerbrasse	Bream
54, 55	Riffhai	Reef Shark
56	Zackenbarsch	Grouper
57	Ammenhai	Nurse Shark
58	Stachelrochen	Stingray
59	Kieferfisch	Jawfish
60	Riffbarsch	Damselfish
61	Partnergrundel	Goby
62	Röhrenaal	Garden eel

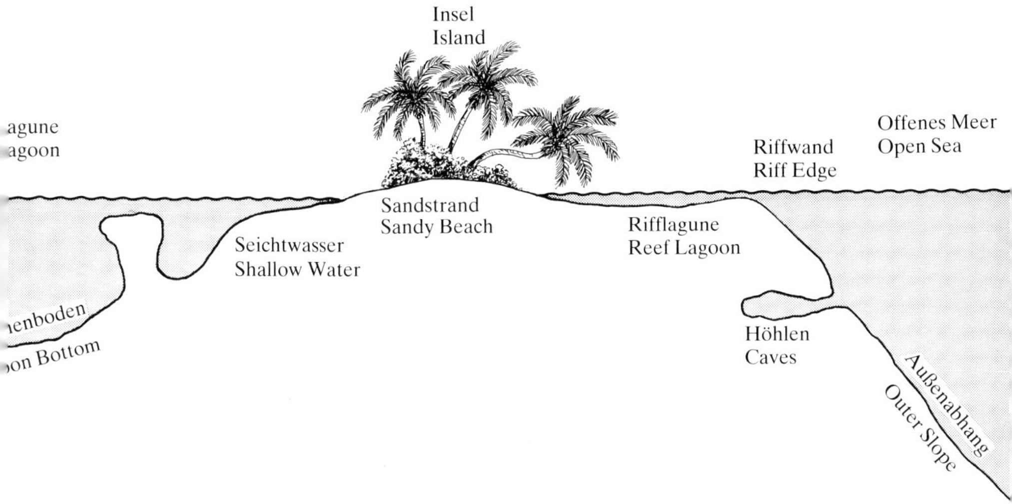

SCHNITT DURCH EIN ATOLL
CROSS-SECTION OF AN ATOLL

In den verschiedenen Bereichen eines Atolls – den Außenriffen, den Innenriffen, den Lagunen usf. – herrschen, bedingt durch die unterschiedlich starken Wasserbewegungen, unterschiedliche Lebensbedingungen, was wiederum unterschiedliche Lebensgemeinschaften zur Folge hat.

The water movement in the different parts of an atoll – the outer reefs, inner reefs, lagoons etc. – varies in strength, thereby creating a variety of different habitats with their own distinctive communities.

GEBRAUCHSANLEITUNG

Erläuterung des Piktogramms

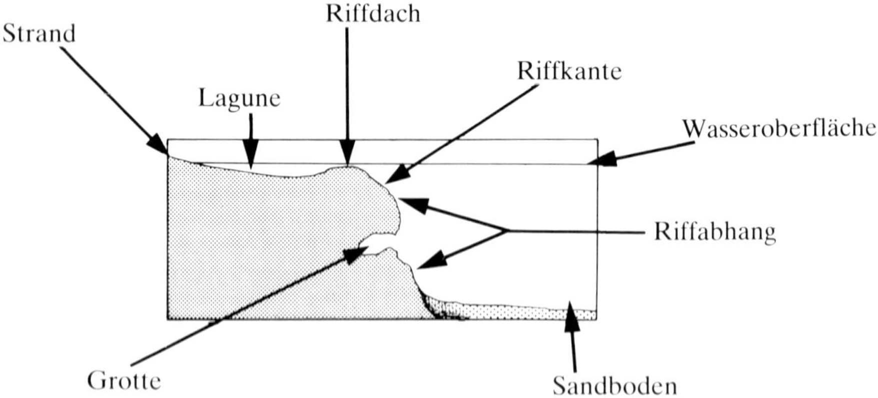

Im Piktogramm weisen ein oder mehrere kleine schwarze Pfeile auf den oder die bevorzugten Standorte der vorgestellten Fischart hin.

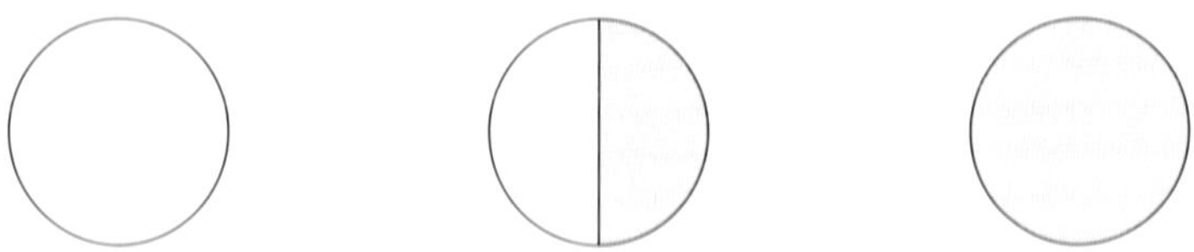

tag- dämmerungs- nachtaktiv

Ein – am oberen Ende und an der Spitze mit einer Meterangabe versehener – senkrechter Pfeil gibt an, in welchem Tiefenbereich sich die Fische bevorzugt aufhalten.
Eine an der Pfeilspitze in Klammern gesetzte (30) weist darauf hin, daß die beschriebene Fischart auch noch in größeren Tiefen als der für die Malediven zugelassenen maximalen Tauchtiefe von 30 Metern vorkommt.

HOW TO USE THIS BOOK

Explanation of the diagram

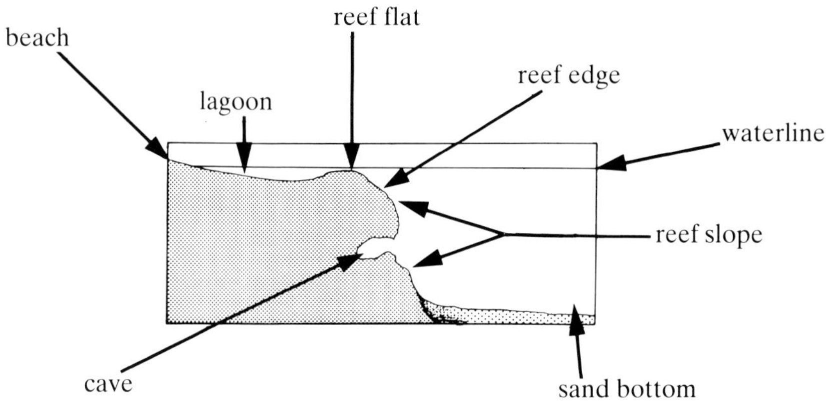

A single or several black arrows in the diagram indicate the preferred habitats of the species depicted.

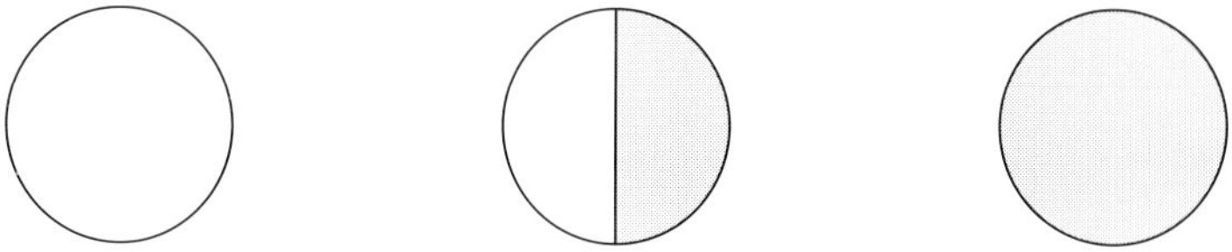

Activity: daytime twilight night-time

A vertical arrow with numbers at the top and the point indicates the range of depth (in metres) within which the fish are normaly found. The figure (30) in brackets at the tip of the arrow indicates that this species can also be found below the maximum diving depth of 30 metres permitted in the Maldives.

MENSCHENHAIE — REQUIEM SHARKS
CARCHARHINIDAE

Haie sind an den Küsten der Malediven keine Seltenheit. Dabei sind es vor allem Grundhaie und riffgebundene Haie, denen man als Taucher immer wieder begegnet. Selbst beim Schnorcheln am Hausriff ist der Weißspitzen-Riffhai zu sehen. Die großen Grauen Riffhaie dagegen sind nur an den besonders exponiert gelegenen Tauchplätzen mit Sicherheit anzutreffen, wie beispielsweise am „Fish-Head" im Ari-Atoll.
Begegnungen mit den typischen Hochseehaien, mit Hammer-, Wal- oder Blauhaien, sind ganz große Ausnahmen.

Sharks are quite common around the coasts of the Maldives. The ones most commonly encountered by divers are bottom-living and reef dwelling sharks. The whitetip reef shark can even be sighted by snorklers along the home reef: The large grey reef shark however is only to be found with any certainty at particularly exposed diving spots such as Fish Head in the Ari Atoll. Encounters with ocean sharks, hammerhead, whale or blue sharks are a very rare occurrence.

Grauer Riffhai – Grey reef shark – *Carcharhinus amblyrhynchos*

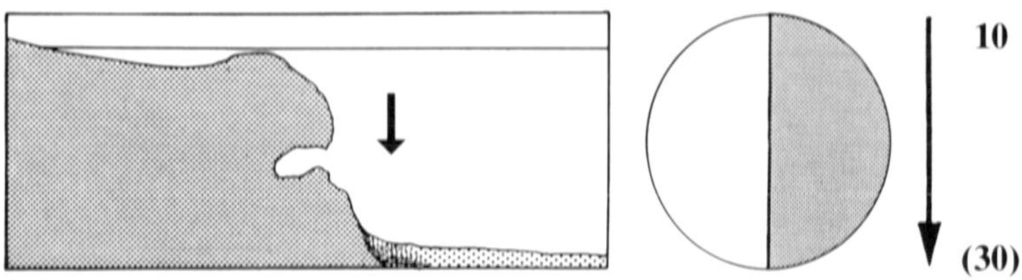

Diese bis zu 2,5 Meter langen Haie gehören zu den häufigsten im Indischen Ozean. Der Graue Riffhai ist lebendgebärend und bringt pro Wurf drei bis sechs Junge zur Welt. Die zur Familie der Menschenhaie zählenden eleganten Räuber machen vor allem in der kurzen Zeit der Dämmerung Jagd auf Fische.

These sharks grow up to 2.5 metres in length and are amongst the most common in the Indian Ocean. The grey reef shark is viviparous and gives birth to three to six young at a time. This elegant predator belongs to the family of requiem sharks, usually hunting its prey during the short hours of twilight.

Grauer Riffhai – Grey reef shark – *Carcharhinus amblyrhynchos*

MENSCHENHAIE REQUIEM SHARKS CARCHARHINIDAE

Weißspitzen-Riffhai – Whitetip reef shark – *Triaenodon obesus*

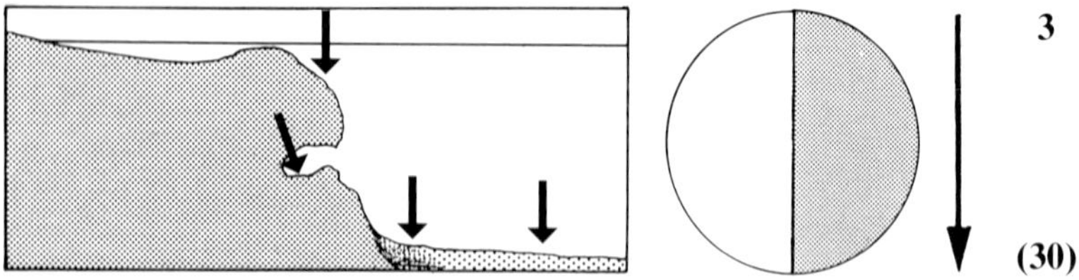

Tagsüber findet man den leicht an der weißen Spitze auf der ersten Rückenflosse zu erkennenden Hai träge auf dem Boden liegend oder gemächlich über den Sandgrund schwimmend. Am späten Nachmittag wird der bis zu eineinhalb Meter große Hai besonders aktiv, wenn er bei der Jagd mit kräftigen Schwanzschlägen über den Riffhang kreuzt.

This shark, easily identified by the whitetip of its first dorsal fin, reaches a length of up to one and a half metres. During the day it can be found lying indolently on the sea floor or gliding leisurely over the sandy bottom; in the late afternoon it becomes particularly active, cruising along the reef slope with powerful strokes of its tail in search of prey.

AMMENHAIE CARPETSHARKS ORECTOLOBIDAE

Gelbbrauner Ammenhai – Tawny nurse shark – *Nebrius concolor*

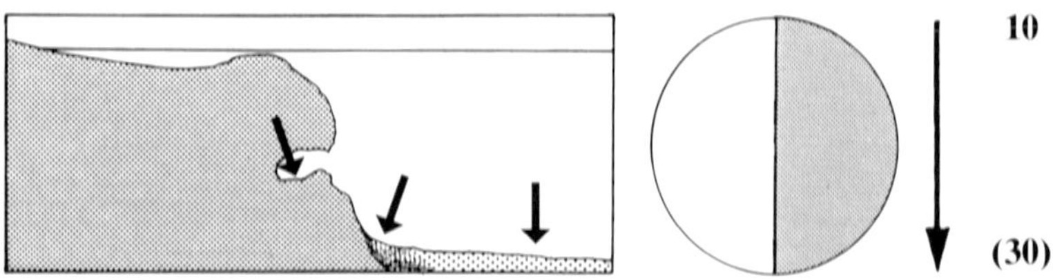

Die Ammenhaie sind Grundhaie, die an ihrem breiten, stumpfen Kopf mit den kleinen Augen leicht zu erkennen sind. Der Gelbbraune Ammenhai wird bis zu 3 Meter groß. Die Art ist im gesamten Indo-Pazifik weit verbreitet. Tagsüber findet man diese Haie unter dunklen Überhängen und in Höhlen. Die nachtaktiven Tiere fressen Fische, Langusten, Kraken.

Nurse sharks are bottom-living and easily recognisable by their broad blunt heads and small eyes. The tawny nurse shark reaches a length of three metres; the species is widely distributed throughout the Indo-Pacific Ocean. During the day these sharks are to be found under dark overhanging rocks and in caves. They are nocturnal predators, feeding on fish, crustaceans and molluscs.

Weißspitzen-Riffhai – Whitetip reef shark – *Triaenodon obesus*

Gelbbrauner Ammenhai – Tawny nurse shark – *Nebrius concolor*

ADLERROCHEN EAGLE RAYS MYLIOBATIDAE

Adlerrochen – Eagle ray – *Aetobatus narinari*

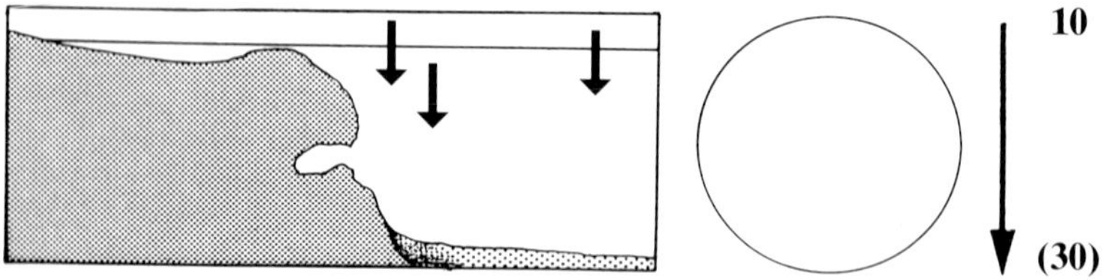

Die Adlerrochen sind durch ihre charakteristische Kopfform und ihre weißgepunktete Rückenseite kaum mit anderen Rochen zu verwechseln. Sie haben an der Schwanzbasis einen kleinen Stachel. Mit unnachahmlicher Eleganz ziehen die bis zu zwei Meter großen und 200 Kilogramm schweren Fische durch das Wasser, patrouillieren bevorzugt am Außenriffhang.

The eagle ray with its characteristically shaped head and white-spotted back can hardly be confused with other rays. At the base of its tail it has a small spine. Eagle rays grow up to two metres in size and can weigh as much as 200 kilos: they move with incomparable elegance through the water, often patrolling along the outer reef slope.

TEUFELSROCHEN MANTAS MOBULIDAE

Manta – Manta ray – *Manta birostris*

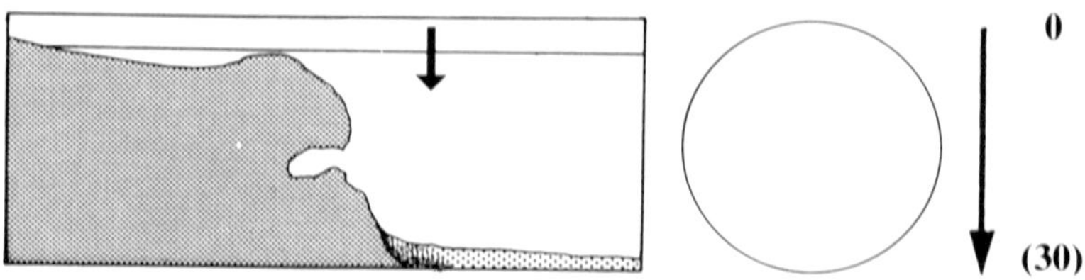

Mantas sind typische Hochseebewohner. Begegnungen mit ihnen sind sehr selten. Die Spannweite dieser Rochen kann bei alten Exemplaren sieben Meter erreichen! Die Teufelsrochen leiten mit ihren einrollbaren Kopflappen die nahrhafte Plankton-„Suppe“ in ihr weit aufgesperrtes Maul. Mit ihrem Kiemen-Reusenkorb filtern sie das eiweißreiche Zooplankton aus dem Wasser.

Mantas are typical ocean dwellers; however, encounters with them are very rare. Older specimens of these rays can reach a span of up to seven metres! They have foreward extensions of the pectoral fins which they can roll and unroll to scoop up nourishing plankton "soup" into their wide gaping mouths. They filter the zooplankton, rich in protein, out of the water with their gill rakers.

Adlerrochen – Eagle ray – *Aetobatus narinari*

Manta – Manta ray – *Manta birostris*

GEIGENROCHEN GUITARFISH RHINOBATIDAE

Großer Geigenrochen – Giant guitarfish – *Rhynchobatus djiddensis*

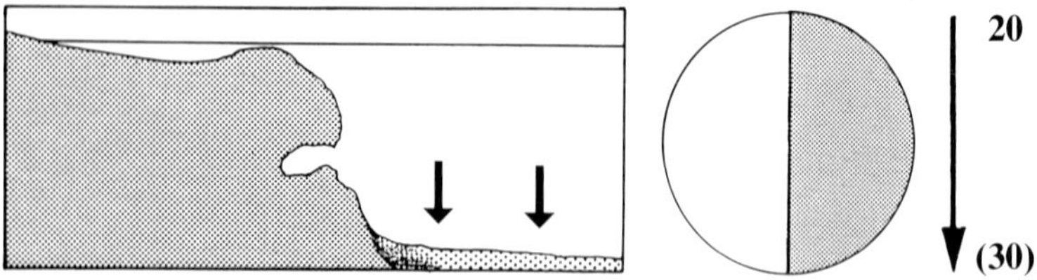

Man muß schon sehr viel Glück haben, um diesen im Indischen Ozean weit verbreiteten Rochen zu treffen. Die Sandflächen, die der Lebensraum dieser großen Rochen sind, liegen oft tiefer als die 30-Meter-Grenze, die von den Sporttauchern nicht überschritten werden darf.

Although they are widespread throughout the Indian Ocean one needs to be very fortunate indeed to come across one of these large rays. The sandy areas which provide their natural habitat are often deeper than the 30 metre limit for sport divers.

STACHELROCHEN STINGRAYS DASYATIDAE

Schwarzpunktrochen – Blackspotted stingray – *Taeniura melanospilos*

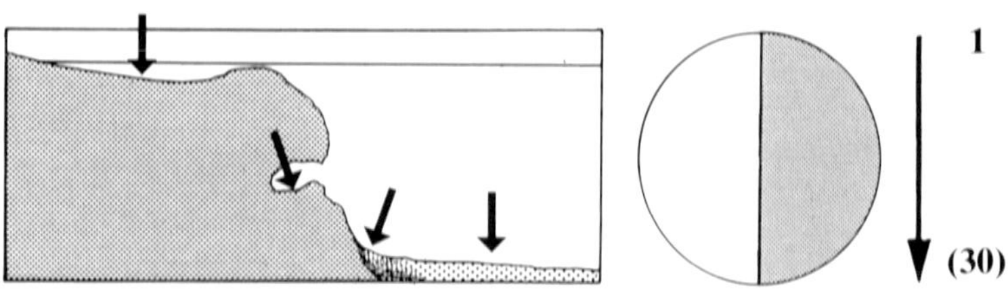

Die Stachelrochen setzen ihren Stachel gezielt zur Abwehr ein. Sie können einem vermeintlichen Angreifer schwere Verletzungen zufügen: tiefe Wunden, die nur schlecht heilen. Dabei kann der mit Widerhaken bewehrte Stachel mit kräftigem Schwanzschlag sowohl nach vorne über den Kopf als auch weit zur Seite geführt werden.

Stingrays use their spines in self-defence to ward off danger. With a whiplike movement of its tail the stingray can lash its barbed spine both forward over its head and sideways. It can inflict serious injuries to potential attackers, causing deep wounds which heal badly.

Großer Geigenrochen – Giant guitarfish – *Rhynchobatus djiddensis*

Schwarzpunktrochen – Blackspotted stingray – *Taeniura melanospilos*

EIDECHSENFISCHE LIZARD FISH SYNODONTIDAE

Schlanker Eidechsenfisch – Slender lizard fish – *Saurida gracilis*

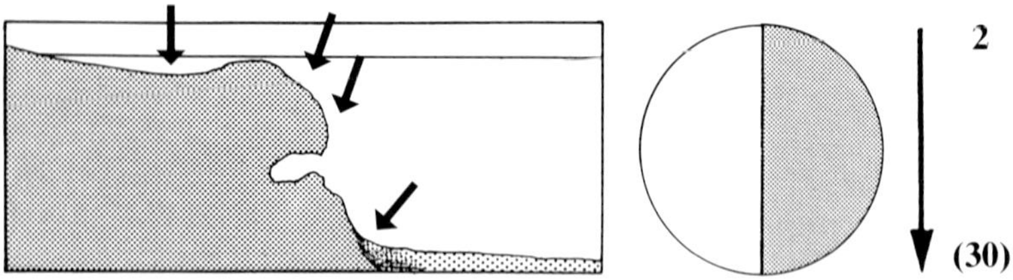

Diese Art ist im ganzen Indo-Pazifik weit verbreitet. Wie der Gemeine Eidechsenfisch liegt auch der Schlanke Eidechsenfisch auf dem Sandgrund oder den Korallenblöcken auf der Lauer, um nach ahnungslosen Beutefischen zu schnappen, die ihm zu nahe gekommen sind. Der Schlanke Eidechsenfisch erreicht maximal 30 Zentimeter Länge.

This species is prevalent throughout the entire Indo-Pacific Ocean. Like the common lizard fish the slender lizard fish lies on the sandy bottom or on coral rocks waiting to snap up any fish unwary enough to come too close. The slender lizard fish reaches a maximum length of 30 cm.

Gemeiner Eidechsenfisch – Common lizard fish – *Synodus variegatus*

Diese schlanken Räuber werden bis zu 25 Zentimeter groß. Sie sind im Indo-Pazifik weit verbreitet; man trifft sie im seichten Wasser und bis zu einer Tiefe von etwa 20 Metern. Bei der Wahl ihrer Beute machen sie, wie die meisten Raubfische, auch vor ihren eigenen Artgenossen nicht halt.

This slender predator grows up to 25 cm. It is widespread in the Indo-Pacific Ocean, living in shallow water and in depths down to 20 metres. Like most predatory fish it has no qualms about including its own kind amongst its choice of prey.

Schlanker Eidechsenfisch – Slender lizard fish – *Saurida gracilis*

Gemeiner Eidechsenfisch – Common lizard fish – *Synodus variegatus*

MURÄNEN MORAYS MURAENIDAE

Viele verschiedene Arten der Muränen leben im Riff. Ihre Bestimmung ist oft nicht einfach. Wichtige Bestimmungsmerkmale sind Zahl und Anordnung der spitzen Zähne. Muränen sind nachtaktive Räuber, die im Schutz der Dunkelheit Jagd auf Fische und Kraken machen. Dabei orientieren sie sich vor allem mit ihrem hochempfindlichen Geruchssinn. Tagsüber ziehen sich die Muränen in ihr Versteck zurück, aus dem nur ihr Kopf herausschaut. Oft sieht man die großen, auffällig gefärbten Putzergarnelen *(Stenopus hispidus)* die Haut der Muränen nach Ektoparasiten absuchen.
Vorsicht vor angefütterten Muränen: Immer wieder kommt es zu plötzlichen Angriffen mit schmerzhaften Bißverletzungen durch angefütterte Muränen. Im Gegensatz zur häufig gehörten Meinung ist der Biß der Muräne zwar ungiftig, aber die Wunden entzünden sich leicht und heilen schlecht.

Many different kinds of morays live on reefs; they are often quite difficult to identify. Their most important distinguishing feature is the position of their pointed teeth. Morays are nocturnal hunters that under cover of darkness pursue fish and molluscs, guided by their highly sensitive sense of smell. During daylight hours morays retire to their hiding places, from which only their heads protrude. One can often see large, gaudily coloured "cleaner shrimps" *(Stenopus hispidus)* searching the skin of morays for ectoparasites.
Beware of morays that are used to being hand-fed; they have repeatedly been known to launch sudden attacks, infvlicting painful bite wounds. A moray's bite is not poisonous, as is often claimed, but the wounds become easily infected and heal badly.

Netzmuräne – Honeycomb moray – *Gymnothorax favagineus*

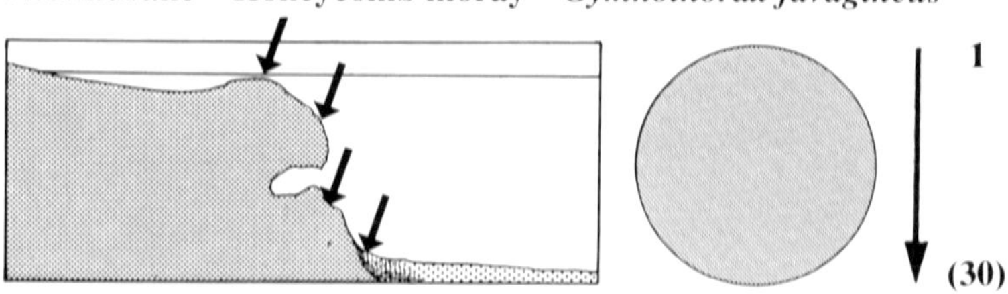

Netzmuräne – Honeycomb moray – *Gymnothorax favagineus*

MURÄNEN MORAYS MURAENIDAE

Leopardenmuräne – Leopard moray – *Gymnothorax undulatus*
Riesenmuräne – Giant moray – *Gymnothorax javanicus*

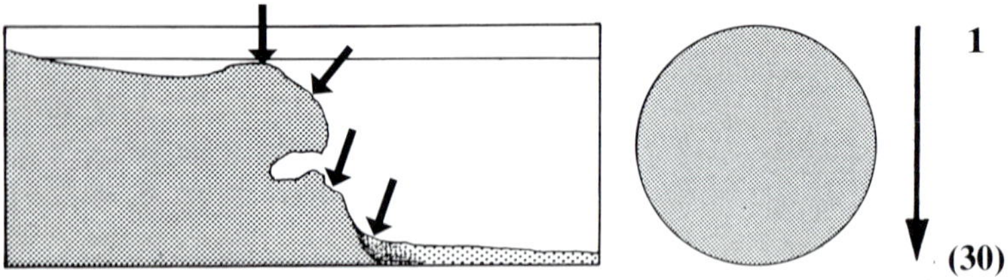

Bei Nachttauchgängen hat man die beste Chance, eine der vielen Muränen in ihrer ganzen Größe zu sehen, wenn man sie auf ihrem Streifzug durch das Riff überrascht. Die Riesenmuränen erreichen enorme Größen; angeblich werden sie bis über 3 Meter lang.

The best opportunity for seeing one of the many morays in full size is at night, when a diver may catch them unawares as they cruise through the reef. Giant morays reach enormous sizes; they are reported to grow to over three metres.

Leopardenmuräne – Leopard moray – *Gymnothorax undulaturs*

Riesenmuräne – Giant moray – *Gymnothorax javanicus*

Leopardenmuräne – Leopard moray – *Gymnothorax undulatus*

MEERAALE CONGER EELS CONGRIDAE

Röhrenaal – Garden eel – *Heteroconger hassi*

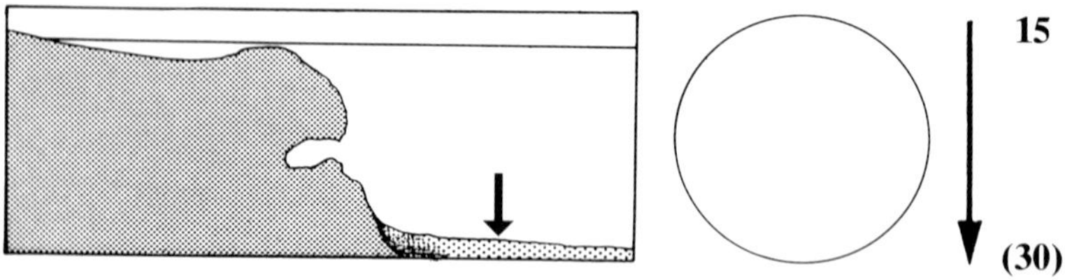

Unverwechselbar sind die Röhrenaale, die in großen Kolonien auf dem Sandgrund leben. Die auch als „Spargelaale" bekannten, nur bleistiftdicken Fische sind tagaktiv. Sie schnappen nach vorbeitreibendem Zooplankton, ohne dabei ihre senkrecht in den Boden gebauten Wohnröhren ganz zu verlassen.

Garden eels live in large colonies on the sandy bottom and are easy to identify. Also known as "asparagus eels", they are only as thick as a pencil. They are active during the day, snapping up zooplankton as it drifts by, without actually leaving the vertical holes they live in.

SCHLANGENAALE SNAKE EELS OPHICHTHIDAE

Krokodilsaal – Crocodile snake eel – *Brachysomophis crocodilinus*

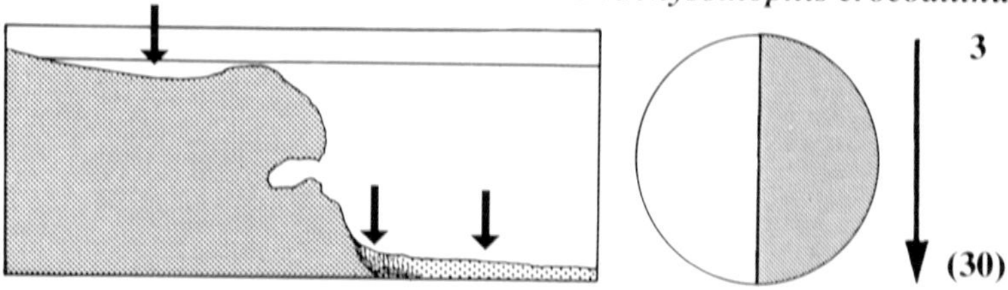

Krokodilsaale leben im Sand, in dem sie sich sehr schnell eingraben können. Die bis zu einem Meter langen Schlangenaale haben ein auffallendes, krokodilsähnliches Gebiß. Diese Art ist im gesamten Indo-Pazifik verbreitet.
Krokodilsaale werden nur selten von Schnorchlern und Tauchern entdeckt, obwohl sie auch im ganz flachen Wasser der Riff-Lagune leben.

Crocodile snake eels live in the sand into which they can dig themselves very quickly. Widespread throughout the Indo-Pacific Ocean, they grow to a metre in length and have conspicuous crocodile-like teeth.
Although their natural habitat is in the very shallow waters of the reef lagoon, snorklers and divers seldom come across them.

Röhrenaal – Garden eel – *Heteroconger hassi*

Krokodilsaal – Crocodile snake eel – *Brachysomophis crocodilinus*

AALWELSE EEL CATFISH PLOTOSIDAE

Gestreifter Aalwels – Striped eel catfish – *Plotosus lineatus*

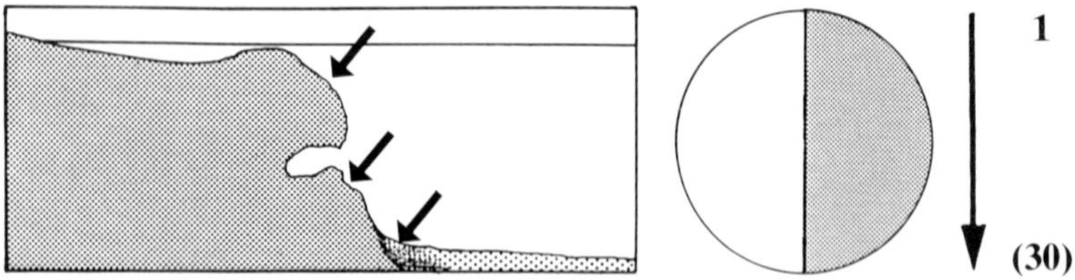

Die im dichten Schwarm lebenden Aalwelse sind giftig: Ihre kräftigen ersten Rückenflossen- und Brustflossenstrahlen sind gezähnt und mit Giftdrüsen verbunden. Verletzungen durch die bis zu 30 Zentimeter langen, an ihrer Färbung und ihren vier Bartelpaaren leicht zu erkennenden Aalwelse sind sehr schmerzhaft.

Eel catfish live in dense shoals and are venomous: the spines of their powerful first dorsal and pectoral fins are serrated and connected to poison glands. They can inflict very painful wounds. The eel catfish grows to a length of 30 cm and is easily recognisable by its colour and its four pairs of barbels.

ÄHRENFISCHE SILVERSIDES ATHERINIDAE

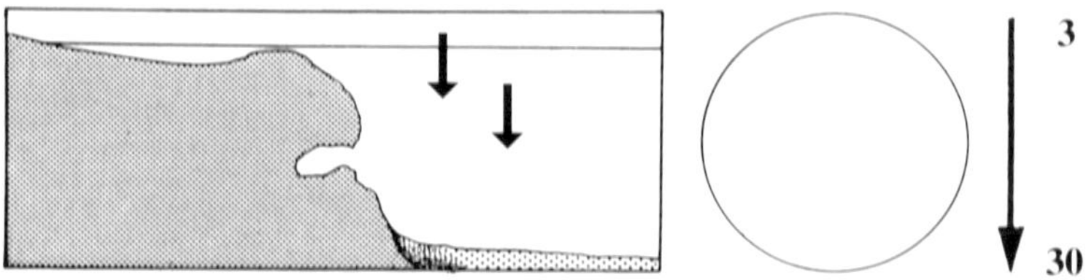

Diese kleinen Fische durchstreifen in großen Schwärmen das Riff. Die verschiedenen Arten sind nur sehr schwer zu bestimmen. Typisch für diese Schwarmfische, die für viele Raubfische wie die Stachelmakrelen eine wichtige Nahrungsquelle bilden, ist ein breiter, silbrig glänzender Seitenstreifen.

These small fish cruise around the reef in large shoals. The many different species are difficult to identify, but they all have a wide shiny silver lateral stripe. Silversides form an important basic diet for many predatory fish, such as jacks.

Gestreifter Aalwels – Striped eel catfish – *Plotosus lineatus*

Familie Ährenfische – Silversides – *Atherinidae*

SEENADELN PIPEFISH SYNGNATHIDAE

Seenadeln haben röhrenförmig ausgezogene Schnauzen mit einem kleinen Maul. Durch schnelles Einsaugen nehmen sie ihre Nahrung auf, meist winzige Krebse.

Pipefish have long tubelike snouts with small mouths with which they rapidly suck up tiny crustaceans.

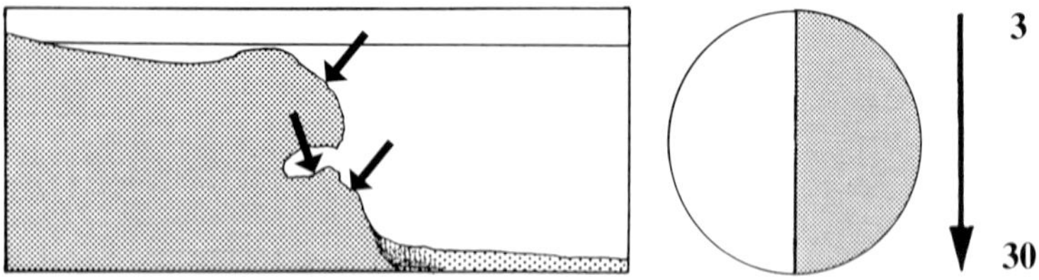

Geringelte Seenadel – Multibar pipefish – *Doryrhamphus multiannulatus*

Die Geringelte Seenadel wird bis zu 18 Zentimeter lang. Ihr Verbreitungsgebiet ist der westliche Indische Ozean einschließlich des Roten Meeres.

The multibar pipefish grows to a length of 18 cm and is to be found in the western Indian Ocean and in the Red Sea.

Blutflossen-Seenadel – Red-finned pipefish – *Corythoichthys haematopterus*

Wie bei den Seenadeln üblich, übernimmt auch bei dieser Art das Männchen die Brutpflege: Bei der Paarung legt das Weibchen seine Eier in die Bruttasche des Männchens, in der sie befruchtet werden. Bei den Männchen ist ein Teil der Körperunterseite zur Bruttasche umgewandelt.

As with all pipefish the male of the species cares for the young. During mating the female lays its eggs into a pouch on the male's underside where they are fertilized and hatched. The male carries the young in this pouch until they are large enough to fend for themselves.

Geringelte Seenadel – Multibar pipefish – *Doryramphus multiannulatus*

Blutflossen-Seenadel – Red-finned pipefish – *Corythoichthys haematopterus*

TROMPETENFISCHE TRUMPETFISH AULOSTOMIDAE

Trompetenfisch – Trumpetfish – ***Aulostomus chinensis***

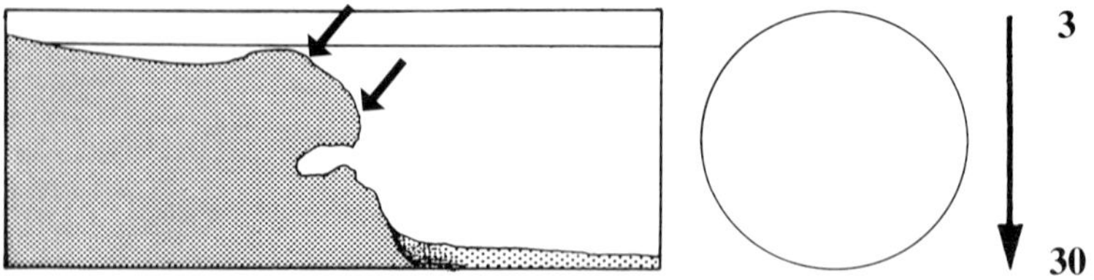

Der Trompetenfisch ist ein typischer Einzelgänger, der zwischen den Korallenformationen Krebsen und kleinen Fischen nachstellt. Er ist ein listiger Räuber, der sich gerne dicht über den Rücken größerer Fische legt, auf diesen „reitet" und aus dieser Position heraus nichtsahnende Beutetiere überrascht.

The trumpetfish is a solitary predator which hunts crustaceans and small fish amongst the coral formations. It is a cunning predator and often places itself immediately above larger fish, "riding" along on their backs. From this position it can catch its unsuspecting prey unawares.

FLÖTENFISCHE CORNETFISH FISTULARIIDAE

Flötenfisch – Cornetfish – ***Fistularia commersoni***

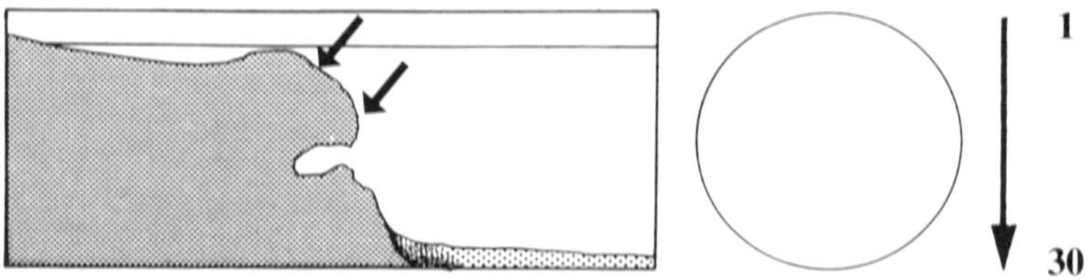

Von den Trompetenfischen sind die Flötenfische leicht durch ihren lang ausgezogenen Schwanzfaden zu unterscheiden. Oft sieht man Flötenfische in kleinen Gruppen dicht unter der Oberfläche in unmittelbarer Riffnähe schwimmen. Auch sie saugen ihre Beute, meist kleine Fische, nach dem „Pipettenprinzip" ein. Dabei zeigt sich ihre langgestreckte Schnauze erstaunlich dehnbar.

Cornetfish can easily be distinguished from trumpetfish by the long threadlike lash extending backwards from the tail. One often sees cornetfish swimming near the reef in small groups, just under the water surface. Their elongated snout is remarkable flexible; they use it to suck up their prey, usually small fish, as if with a pipette.

Trompetenfisch – Trumpetfish – *Aulostomus chinensis*

Flötenfisch – Cornetfish – *Fistularia commersoni*

SOLDATENFISCHE SQUIRRELFISH HOLOCENTRIDAE

Großdorn-Husar – Giant squirrelfish – *Sargocentron spiniferum*
Oranger Soldatenfisch – Orange squirrelfish – *Myripristis vittata*
Schwarzbindensoldatenfisch – Brown squirrelfish – *Myripristis adusta*

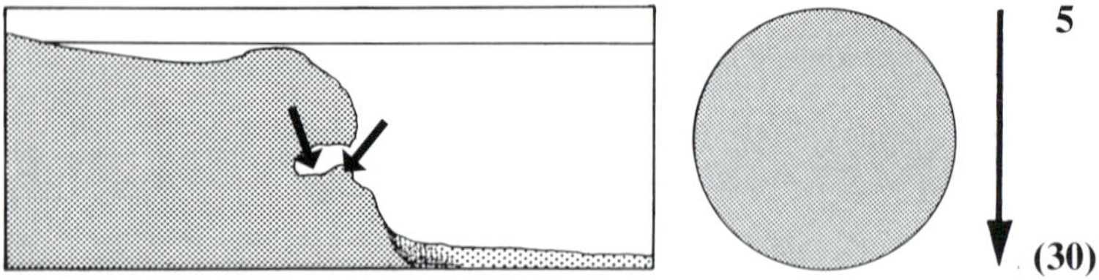

Der nicht zu verwechselnde Großdorn-Husar ist die größte Art aus der Familie der Soldatenfische. Wie der Großdorn-Husar halten sich auch der Orange Soldatenfisch und der Schwarzbindensoldatenfisch tagsüber im Halbdunkel der Riffüberhänge und -höhlen auf. Der Schwarzbindensoldatenfisch läßt sich auf dem Foto gerade von einem Putzerlippfisch *(Labroides bicolor)* putzen.

The giant squirrelfish is unmistakeable and is the largest species of the squirrelfish family. Like the giant squirrelfish the orange and the brown squirrelfish spend the daylight hours in the gloomy shadows of overhanging rocks and caves. The photograph shows a brown squirrelfish being cleaned by a cleaner wrasse *(Labroides bicolor)*.

Großdorn-Husar – Giant squirrelfish – *Sargocentron spiniferum*

Oranger Soldatenfisch – Orange squirrelfish – *Myripristis vittata*

Schwarzbindensoldatenfisch – Brown squirrelfish – *Myripristis adusta*

GROSSAUGENBARSCHE BIGEYES PRIACANTHIDAE

Großaugenbarsch – Bigeye – *Priacanthus hamrur*

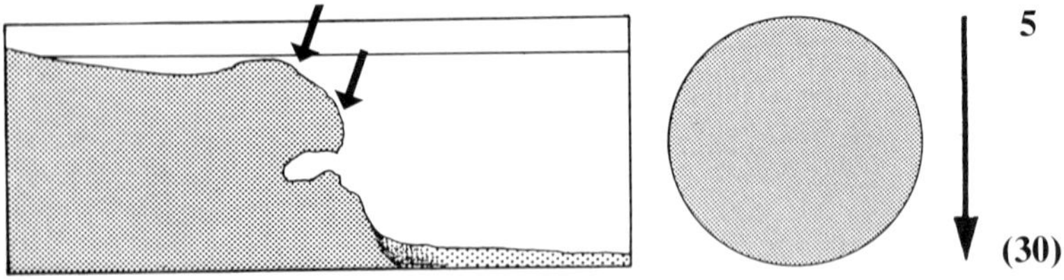

Die bis zu 45 Zentimeter langen Großaugenbarsche, die im gesamten Indo-Pazifik verbreitet sind und über das Rote Meer und den Suez-Kanal auch ins östliche Mittelmeer eingewandert sind, zeigen einen schnellen Farbwechsel von rot über rotgestreift zu rein silbrig. Das Foto zeigt einen Großaugenbarsch mit einem Putzerlippfisch *(Labroides dimidiatus)*.

Bigeyes grow to a length of 45 cm and are widespread throughout the Indo-Pacific Ocean; they have also migrated through the Red Sea and via the Suez Canal into the eastern Mediterranean. Their colour changes rapidly from red to red stripes to pure silver. The photograph shows a bigeye with a cleaner wrasse *(Labroides dimidiatus)*.

PILOTBARSCHE SEA CHUBS KYPHOSIDAE

Blaufisch – Subnose chub – *Kyphosus cinerascens*

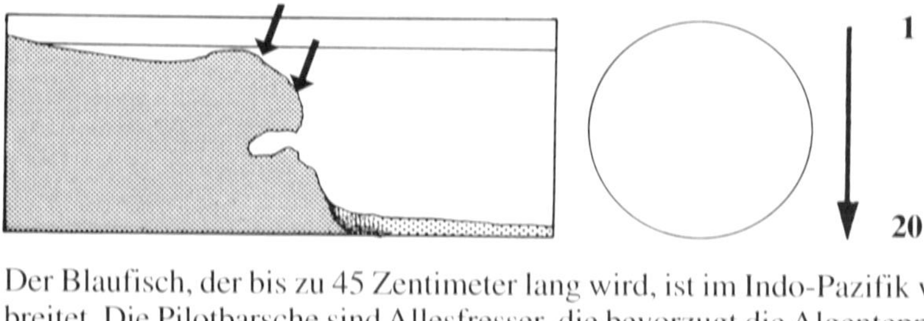

Der Blaufisch, der bis zu 45 Zentimeter lang wird, ist im Indo-Pazifik weit verbreitet. Die Pilotbarsche sind Allesfresser, die bevorzugt die Algenteppiche abweiden. Nicht selten trifft man sie in kleinen Gruppen, wenn sie auf Nahrungssuche durch das Riff ziehen.

Widespread throughout the Indo-Pacific Ocean, subnose chubs grow to a length of 45 cm; they are omnivorous and like to graze off carpets of algae. Quite often one comes across them in small groups swimming along the reef in search of food.

Großaugenbarsch – Bigeye – *Priacanthus hamrur*

Blaufisch – Subnose chub – *Kyphosus cinerascens*

MIRAKELBARSCHE DEVIL BASSLETS PLESIOPIDAE

Augenfleckmirakelbarsch – Comet basslet – *Calloplesiops altivelis*

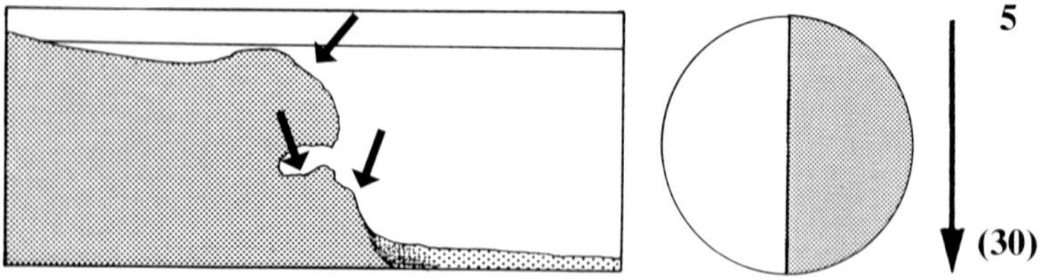

Die bis zu etwa 15 Zentimeter groß werdenden Mirakelbarsche haben auffallend lange Brustflossen. Wenn der Fisch erschreckt wird, stellt er sich schräg, mit dem Kopf nach unten. So ähnelt er, vor allem durch seinen auffälligen Augenfleck am Ende der Rückenflosse, dem Kopf einer Muräne!

The comet basslet grows to a size of about 15 cm and has conspicuously long pectoral fins. When the fish is alarmed it dips to an angle with its head down; standing in this position and especially displaying the "eye" marking on the end of the dorsal fin, it emulates the head of a moray.

SEIFENBARSCHE SOAPFISH GRAMMISTIDAE

Goldstreifenseifenbarsch – Goldstriped soapfish – *Grammistes sexlineatus*

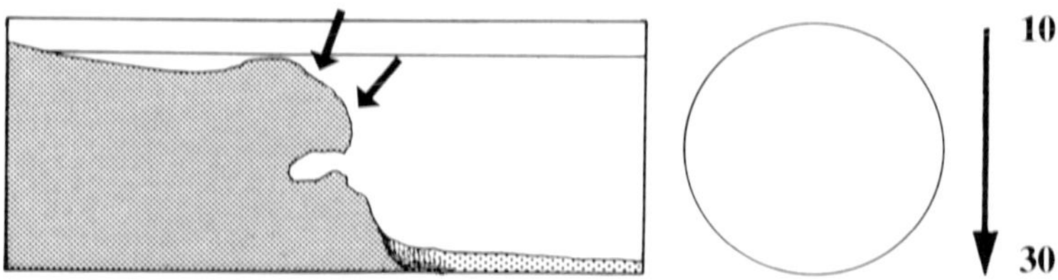

Die Haut der Seifenbarsche enthält einen hochgiftigen Abwehrstoff, das Grammistin. Diese Art bevorzugt dunklere Plätze im Flachwasser; sie ist im Indo-Westpazifik – einschließlich des Roten Meeres – zu Hause. Jungtiere bis zu fünf Zentimeter haben nur drei Längsstreifen. Die für die Art typischen sechs Streifen zeigen die Fische erst ab einer Körpergröße von acht Zentimetern.

The skin of the goldstriped soapfish contains the highly toxic substance grammistine, which it produces when threatened. This species is indigenous to the Indo-West Pacific Ocean and the Red Sea, where it has a preference for dark places in shallow water. Young fish up to a length of 5 cm have only three longitudinal stripes; the six stripes typical of the species only appear on fish sized 8 cm and more.

Augenfleckmirakelbarsch – Comet basslet – *Calloplesiops altivelis*

Goldstreifenseifenbarsch – Goldstriped soapfish – *Grammistes sexlineatus*

SKORPIONSFISCHE SCORPIONFISH SCORPAENIDAE

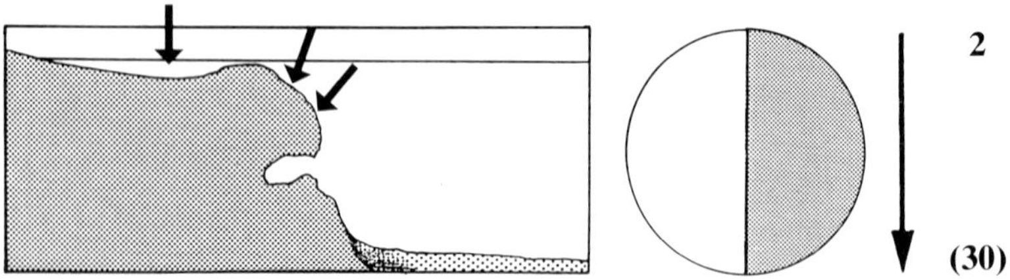

Steinfisch – Stonefish – *Synanceia verrucosa*

Ein extrem oberständiges Maul, besonders breite Brustflossen und eine charakteristische Grube hinter jedem Auge sind die eindeutigen Erkennungsmerkmale des Steinfisches. Er ist selbst in den flachsten Riffabschnitten nicht selten, wird aber dank seiner hervorragenden Tarnung kaum entdeckt. Der Steinfisch ist mit Abstand der gefährlichste Giftfisch. Sein Giftapparat befindet sich in den Strahlen der ersten Rückenflosse. Bei einem Unfall mit einem Steinfisch treten extrem starke Schmerzen an der sich sofort bläulich verfärbenden Stichstelle auf. Todesfälle nach Steinfisch-Verletzungen sind nicht selten.

The unmistakeable characteristic features of the stonefish are its extremely highly placed mouth, particularly wide pectoral fins and a distinctive hollow behind each eye. It is quite common even in the shallowest parts of the reef, but owing to its excellent camouflage it is seldom seen. The stonefish is definitely the most dangerous venomous fish: its poison is contained in the spines of the first dorsal fin. The sting of the stonefish is extremely painful and the wound turns blue immediately. Injuries caused by stonefish can be fatal.

Falscher Steinfisch – Devil scorpionfish – *Scorpaenopsis diabolus*

Dieser Drachenkopf wird immer wieder mit dem wesentlich giftigeren Steinfisch verwechselt. Auch die Verletzungen durch den Falschen Steinfisch sind schmerzhaft.

This scorpionfish ist often confused with the much more venomous stonefish. However, injuries caused by the devil scorpionfish can also be quite painful.

Steinfisch – Stonefish – *Synanceia verrucosa*

Falscher Steinfisch – Devil scorpionfish – *Scorpaenopsis diabolus*

SKORPIONSFISCHE SCORPIONFISH SCORPAENIDAE

Strahlenfeuerfisch – Clearfin turkeyfish – *Pterois radiata*
Langhornfeuerfisch – Broadbarred turkeyfish – *Pterois antennata*
Rotfeuerfisch – Turkeyfish – *Pterois miles*

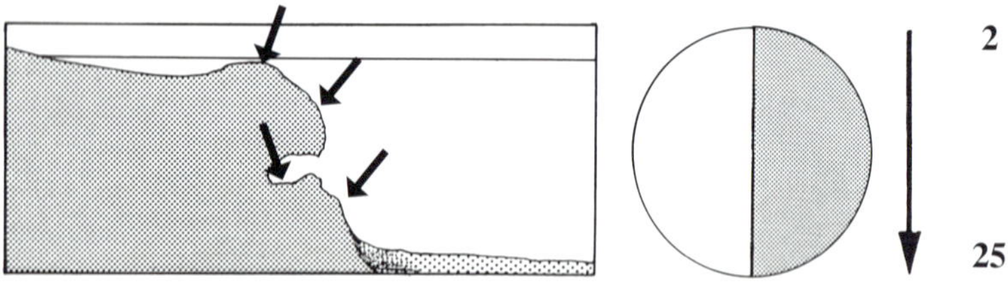

Vorsicht vor den vielen verschiedenen, prächtig gefärbten Feuerfischarten, die man im Riff antrifft: Fühlen sich die Fische bedroht, können sie einen vermeintlichen Angreifer, wie z. B. einen zu aufdringlichen Fotografen, gezielt mit den mit Giftdrüsen versehenen Rücken- und Brustflossenstrahlen stechen. Beware of the many species of brilliantly coloured turkeyfish that one encounters on the reef: if the fish feels threatened (by an importunate photographer for example) it will sting its potential adversary, using the spines of the dorsal and pectoral fins which are equipped with poison glands.

Strahlenfeuerfisch – Clearfin turkeyfish – *Pterois radiata*

Langhornfeuerfisch – Broadbarred turkeyfish – *Pterois antennata*

Rotfeuerfisch – Turkeyfish – *Pterois miles*

SKORPIONSFISCHE SCORPIONFISH SCORPAENIDAE

Taumelfisch – Paperfish – *Taenianotus triacanthus*
Drachenkopf – Scorpionfish – *Scorpaenopsis sp.*
Bärtiger Drachenkopf – Bearded scorpionfish – *Scorpaenopsis cirrhosa*

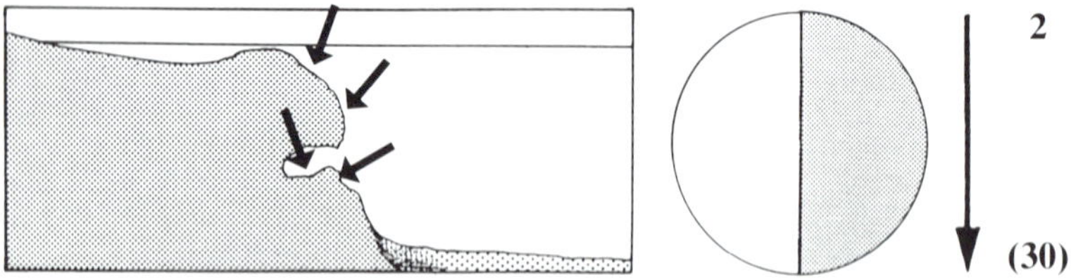

Der zu den Skorpionsfischen zählende Taumelfisch ist der einzige bekannte Fisch, der regelmäßig – etwa alle zwei Wochen – seine Fischhaut als Ganzes abstreift. Der Taumelfisch ist „ein Fisch, der aus der Haut fährt"!

The paperfish, a member of the scorpionfish family, is the only fish known to shed its skin in one piece regularly, about every fourteen days.

Taumelfisch – Paperfish – *Taenianotus triacanthus*

Drachenkopf – Scorpionfish – *Scorpaenopsis sp.*

Bärtiger Drachenkopf – Bearded scorpionfish – *Scorpaenopsis cirrhosa*

ZACKENBARSCHE GROUPERS SERRANIDAE

Mondflossenzackenbarsch – Lunartail grouper – *Variola louti*

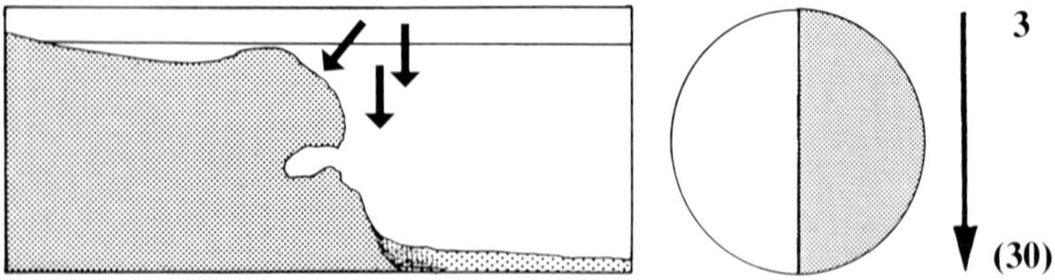

Das Verbreitungsgebiet des Mondflossenzackenbarsches ist das Rote Meer, der Indische Ozean und der westliche Pazifik. Ausgewachsene Fische dieser Art erreichen eine Größe von 80 Zentimetern. Bis in eine Tiefe von 100 Meter macht er Jagd auf alle möglichen Fische, die er noch schlucken kann.

The lunartail grouper is to be found in the Red Sea, the Indian Ocean and the western Pacific. A fully-grown fish of this species reaches a size of 80 cm; down to a depth of 100 metres it will hunt any fish that it is capable of swallowing.

Pantherbarsch – Black-saddled grouper – *Plectropomus laevis*

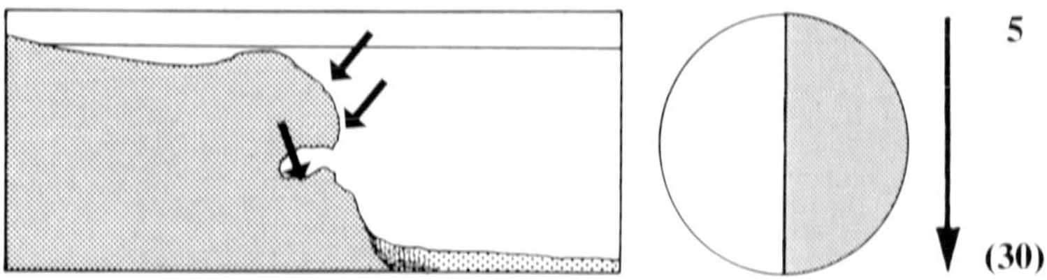

Die meisten der großen Zackenbarsche halten sich tagsüber versteckt. Wie viele andere „Zackis" wechselt auch der Pantherbarsch sein Geschlecht im Laufe seines Lebens: kleinere Tiere sind Weibchen, größere (ältere) sind Männchen.

Most large groupers stay hidden during the day. Like many other groupers the black-saddled grouper changes sex during the course of its life; the younger, smaller ones are female, the larger, older ones male.

Mondflossenzackenbarsch – Lunartail grouper – *Variola louti*

Pantherbarsch – Black-saddled grouper – *Plectropomus laevis*

ZACKENBARSCHE GROUPERS SERRANIDAE

Marmorierter Zackenbarsch – Brownmarbled grouper – *Epinephelus fuscoguttatus*
Spitzkopf-Zackenbarsch – Slender grouper – *Anyperodon leucogrammicus*
Rotmaulzackenbarsch – Redmouth-grouper – *Aethaloperca rogaa*

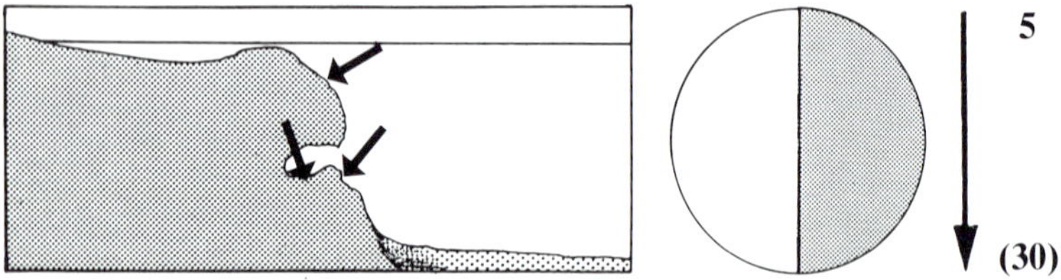

Drei Zackenbarsche aus drei verschiedenen Gattungen, die alle bevorzugt im tieferen Wasser, im Halbschatten großer Überhänge und Höhlen leben. Während der Spitzkopfzackenbarsch gerade 50 Zentimeter erreicht, gehört der Marmorierte Zackenbarsch mit bis zu einem Meter Länge zu den größeren „Zackis".

Three different species of groupers which all like to live in deeper water and the half-shade of overhanging rocks and in caves. The slender grouper only reaches a length of 50 cm, whereas the brownmarbled grouper, one of the larger kind, grows up to one metre in length.

Marmorierter Zackenbarsch – Brownmarbled grouper – *Epinephelus fuscoguttatus*

Spitzkopf-Zackenbarsch – Slender grouper – *Anyperodon leucogrammicus*

Rotmaulzackenbarsch – Redmouth-grouper – *Aethaloperca rogaa*

ZACKENBARSCHE GROUPERS SERRANIDAE

Juwelenzackenbarsch – Coral grouper – *Cephalopholis miniata*

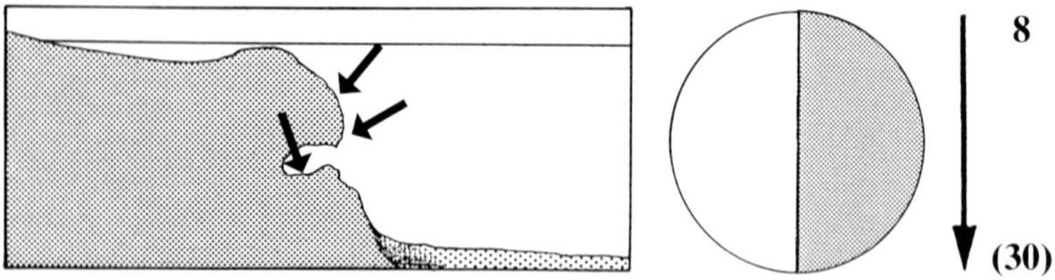

Der farbenprächtige Juwelenzackenbarsch, der im Indo-Pazifik weit verbreitet ist, lebt in Tiefen von mehr als fünf Metern. In diesen Tiefen ist seine im Scheinwerfer- und Blitzlicht so auffallende Rotfärbung eine ausgezeichnete Tarnfarbe. Der Juwelenzackenbarsch gehört mit einer Körpergröße von 40 Zentimetern zu den kleineren Zackenbarschen des Riffs.

The brilliantly coloured coral grouper is widespread in the Indi-Pacific Ocean and lives in waters deeper than 5 metres. In these depths its red colouring, so conspicuous in spotlight and flashlight, provides effective camouflage. The coral grouper is 40 cm in size and is one of the smaller groupers in the reef.

Pfauenzackenbarsch – Peacock grouper – *Cephalopholis argus*

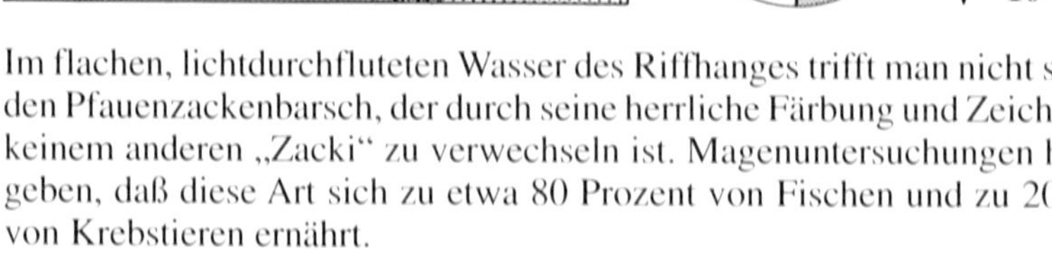

Im flachen, lichtdurchfluteten Wasser des Riffhanges trifft man nicht selten auf den Pfauenzackenbarsch, der durch seine herrliche Färbung und Zeichnung mit keinem anderen „Zacki“ zu verwechseln ist. Magenuntersuchungen haben ergeben, daß diese Art sich zu etwa 80 Prozent von Fischen und zu 20 Prozent von Krebstieren ernährt.

In the shallow, translucent water of the reef slope one often comes across the peacock grouper; with its magnificent colouring and markings it stands out amongst the other groupers. Analyses of their stomach contents reveal that 80 % of this species diet consists of fish and 20 % of crustaceans.

Juwelenzackenbarsch – Coral grouper – *Cephalopholis miniata*

Pfauenzackenbarsch – Peacock grouper – *Cephalopholis argus*

ZACKENBARSCHE GROUPERS SERRANIDAE

Kurzschnäuziger Fahnenbarsch – Shortnose anthias – *Pseudanthias parvirostris*
Gelbrücken-Fahnenbarsch – Yellowtail anthias – *Pseudanthias evansi*
Haremsfahnenbarsch – Scalefin anthias – *Pseudanthias squamipinnis*

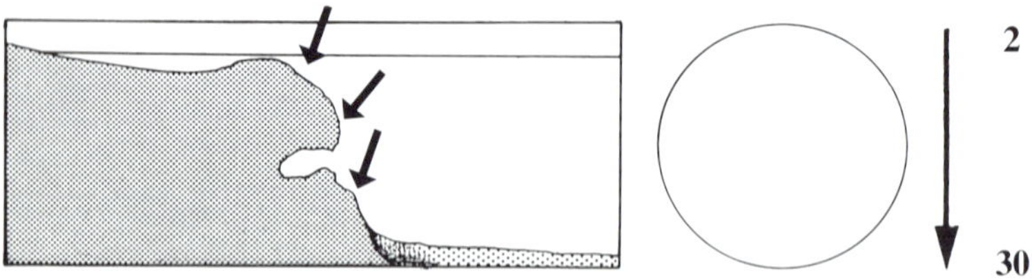

Zu der Familie der Zackenbarsche zählen die Fischkundler auch die kleinen, bunt gefärbten Fahnenbarsche.
Der Haremsfahnenbarsch lebt oft in großen Schwärmen im Flachwasserbereich des Korallenriffs. Das kleine Foto zeigt ein Männchen.

The small, brightly coloured anthias belong to the grouper family.
The scalefin anthias often lives in large shoals in the shallow waters of the coral reef. The inset shows a male.

Kurzschnäuziger Fahnenbarsch – Shortnose anthias – *Pseudanthias parvirostris*

Gelbrücken-Fahnenbarsch – Yellowtail anthias – *Pseudanthias evansi*

Haremsfahnenbarsch – Scalefin anthias – *Pseudanthias squamipinnis*

BÜSCHELBARSCHE HAWKFISH CIRRHITIDAE

Forsters Büschelbarsch – Blackside hawkfish – ***Paracirrhites forsteri***
Feenbüschelbarsch – Pixy hawkfish – ***Cirrhitichthys oxycephalus***

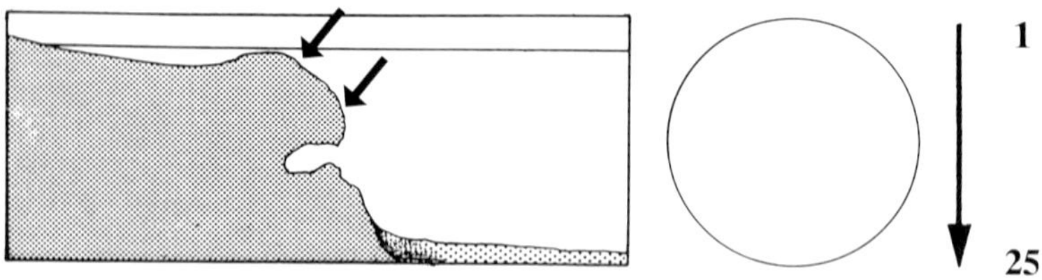

Büschelbarsche sind kleine, oft bunt gefärbte Raubfische. Der deutsche Name geht auf eine anatomische Besonderheit zurück, die bei den einzelnen Arten dieser Familie verschieden stark ausgeprägt ist: Die Fische haben kleine, büschelartige Fortsätze, die sogenannten „Cirri", auf den Spitzen ihrer Rückenflossenstrahlen.
Büschelbarsche, auch Korallenwächter, Korallenklimmer oder Korallenbarsche genannt, sitzen vor allem auf Korallenblöcken und zwischen Korallenästen, „verankern" sich dort mit ihren kräftigen Brustflossen und können so in der Strömung der Flachwasserzonen sicher ihren Platz halten. Hier lauern sie auf ihre Beute, ausgezeichnet getarnt durch ihre gestaltsauflösende Zeichnung. Es sind vor allem kleine Fische und Wirbellose, die sie fangen.

Hawkfish are small, often brightly coloured predatory fish. Their German name, "tufted bass", refers to the tuftlike ends on the spinal tips of their dorsal fins, an anatomical feature which is more or less prominent depending on the individual species.
Hawkfish like to sit on and in between stems of coral; they "anchor" themselves using their powerful pectoral fins and are thus able to keep a steady position in the current of the shallow water. Here they lie in wait for prey, perfectly camouflaged by their patterning which seems to make their shape dissolve. They catch small fish and invertebrates.

Forsters Büschelbarsch – Blackside hawkfish – *Paracirrhites forsteri*

Feenbüschelbarsch – Pixy hawkfish – *Cirrhitichthys oxycephalus*

KARDINALBARSCHE CARDINALFISH APOGONIDAE

Großzahn-Kardinalbarsch – Largetooth cardinal fish – *Cheilodipterus macrodon*
Goldstreifen-Kardinalbarsch – Goldstriped cardinal fish – *Apogon sp.*

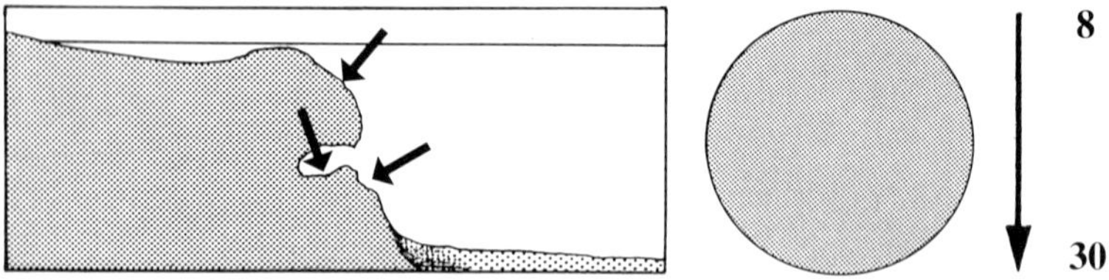

Die Kardinalbarsche sind kleine Fische mit zwei deutlich getrennten Rückenflossen; Maul und Augen sind für die Körpergröße auffallend groß. Die Kardinalbarsche sind typisch nachtaktive Fische. Tagsüber ziehen sie sich meist in das Halbdunkel großer Riffüberhänge, tiefer Spalten und Höhlen zurück. Kardinalbarsche sind Maulbrüter: Das Männchen nimmt die befruchteten Eier ins Maul. Manchmal haben sie das Maul so voll mit Eiern, daß sie es nicht mehr schließen können.
Der Großzahn-Kardinalbarsch mit seinen auffallend großen Zähnen wird bis zu 24 Zentimeter lang. Er kommt im gesamten Indo-Pazifik vor.
Typisch für den Goldstreifen-Kardinalbarsch sind die sechs goldgelben Längsstreifen auf jeder Körperseite. Die Fische werden sieben Zentimeter lang.

Cardinal fish are small fish with two clearly separated dorsal fins; their mouths and eyes are disproportionately large for their overall size. They are typical nocturnal fish and during the day usually retire into the dark shadows of large overhanging rocks, deep crevices and caves. Cardinal fish are mouthbreeders; the male carries the fertilised eggs in its mouth. Sometimes its mouth is so full of eggs that it cannot close it.
The largetooth cardinal fish is common throughout the entire Indo-Pacific Ocean, has conspicuously large teeth and grows to a size of 24 cm.
The goldstriped cardinal fish grows to a size of 7 cm and, as its name suggests, has six golden stripes running lengthways along each side of its body.

Großzahn-Kardinalbarsch – Largetooth cardinal fish – *Chailodipterus macrodon*

Goldstreifen-Kardinalbarsch – Goldstriped cardinal fish – *Apogon sp.*

STACHELMAKRELEN JACKS CARANGIDAE

Goldene Stachelmakrele – Golden kingfish – *Gnathanodon speciosus*
Blauflossenmakrele – Bluefin trevally – *Caranx melampygus*
Kleingefleckter Pompano – Smallspotted pompano – *Trachinotus bailloni*

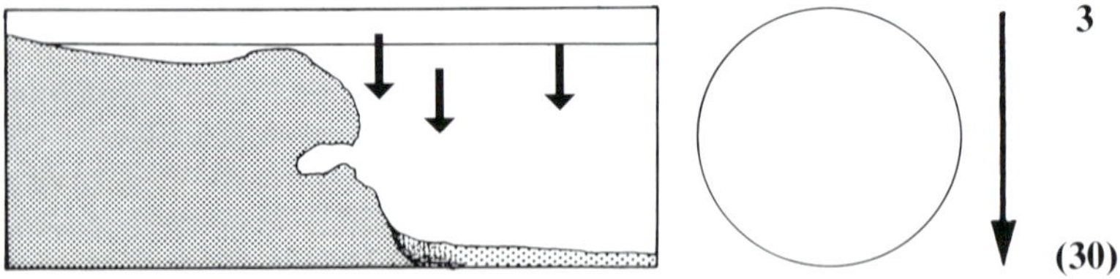

Die Stachelmakrelen sind elegante Raubfische des offenen Wassers, die auch im freien Wasser dicht über dem Riffhang jagen. In kleineren Gruppen folgen die meist silbrigen Fische den Schwarmfischen, denen sie bevorzugt nachstellen. Die Blauflossenmakrele wird bis zu einem Meter groß.

Jacks are elegant predatory fish from the open sea which also hunt in the water above the reef slope; they are usually silver in colour. Hunting in small groups they pursue shoal fish, their favourite prey. The bluefin trevally reaches a size of one metre.

Goldene Stachelmakrele – Golden kingfish – *Gnathanodon speciosus*

Blauflossenmakrele – Bluefin trevally – *Caranx melampygus*

Kleingefleckter Pompano – Smallspotted pompano – *Trachinotus bailloni*

SCHNAPPER SNAPPERS LUTJANIDAE

Weltweit sind etwa 20 Gattungen mit über 250 Arten bekannt. Im Deutschen ist die Familienbezeichnung Schnapper nicht eindeutig; neben der hier behandelten Familie Lutjanidae wird auch die Familie Lethrinidae als Schnapper bezeichnet.
Die Schnapper (Familie Lutjanidae) leben in großen Schwärmen. Sie gehören zu den wichtigsten wirtschaftlich genutzten Fischen der tropischen und subtropischen Meere.
Alle Schnapper leben räuberisch; sie fressen vor allem Krebse und Fische. Während des Tages bilden manche Arten der Gattng *Lutjanus* riesige Schwärme, die wie eine zweite Wand am Riffhang stehen.

About 20 genera of snappers with over 250 species are known throughout the world. In German the family name "Schnapper" is used rather loosely to include not only the family Lutjanidae but also the family Lethrinidae. Snappers (Lutjanidae) live in large shoals and are of considerable importance for the fisheries in tropical and subtropical waters.
All snappers are predators, feeding on crustaceans and fish. During the day some species of the *Lutjanus* genus form huge shoals which drift along the reef slope like a wall of fish.

Buckelschnapper – Humpback snapper – *Lutjanus gibbus*

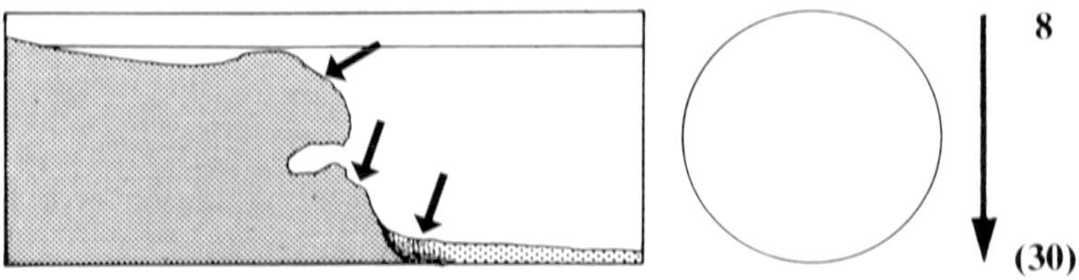

Das Foto zeigt einen Schwarm des besonders hochrückigen, gleichmäßig rotbraun gefärbten Buckelschnappers zusammen mit einigen Gestreiften Süßlippen. Die Buckelschnapper fressen Krabben und andere Krebstiere. Ausgewachsene Fische erreichen eine Körperlänge von 60 Zentimetern.

The photograph shows a shoal of this partucularly high-backed snapper species, uniformly reddish-brown in colour, together with some oriental grunts. Humpback snappers feed on shrimps and other crustaceans; the fully-grown fish reaches a length of 60 cm.

Buckelschnapper – Humpback snapper – *Lutjanus gibbus*

SCHNAPPER SNAPPERS LUTJANIDAE

Schwarzweißschnapper – Black and white snapper – *Macolor macularis*
Blaustreifenschnapper – Bluestripe snapper – *Lutjanus kasmira*

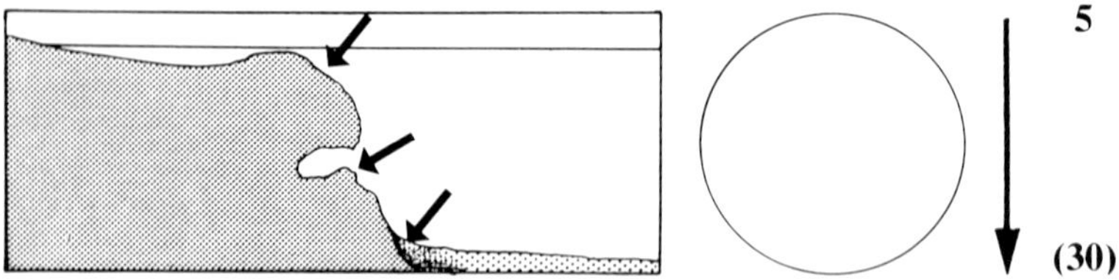

Der Blaustreifenschnapper gehört zu den kleinen Arten dieser Familie: Er wird nicht größer als 35 Zentimeter. Die Art ist im gesamten Indo-Pazifik einschließlich des Roten Meeres weit verbreitet. Blaustreifenschnapper leben in größeren Wassertiefen, oberhalb von 20 Metern werden sie kaum gesehen. Mit über 60 Zentimeter Körperlänge werden die Schwarzweißschnapper fast doppelt so groß wie die Blaustreifenschnapper. Das Verbreitungsgebiet dieser Art, deren Jungtiere schwarzweiß gefleckt sind, erstreckt sich vom Roten Meer über die Ostküste Afrikas bis hinein in den zentralen Pazifik.

The bluestripe snapper is one of the smaller species of the snapper family: it grows no larger than 35 cm. Widely distributed throughout the entire Indo-Pacific Ocean including the Red Sea, bluestripe snappers inhabit deeper waters and are hardly ever seen above 20 metres.
The black-and-white snapper grows to over 60 cm in length, almost twice the size of the bluestripe snapper. Its young have black and white spots. This species can be found from the Red Sea and the east coast of Africa to the central Pacific.

Schwarzweißschnapper – Black and white snapper – *Macolor macularis*

Blaustreifenschnapper – Bluestripe snapper – *Lutjanus kasmira*

SCHNAPPER SNAPPERS LUTJANIDAE

Kupferschnapper – Twinspot snapper – *Lutjanus bohar*

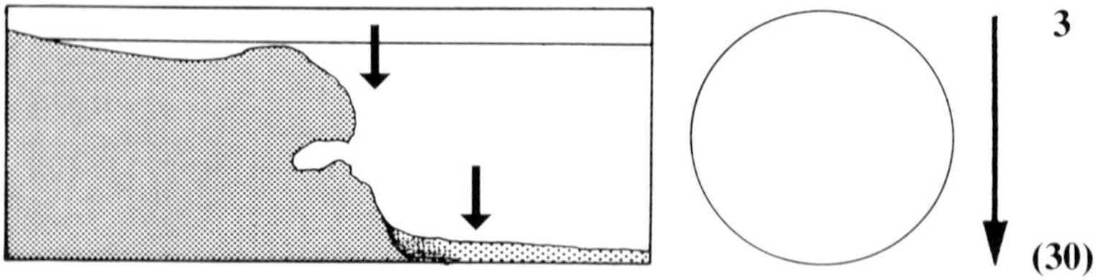

Dieser große Schnapper erreicht eine Körperlänge von einem Meter. Etwa 75 Prozent seiner Nahrung machen kleinere Fische aus. Junge Kupferschnapper ahmen Riffbarsche der Gattung *Chromis* nach, um so dichter an ihre Beute heranzukommen. Das Verbreitungsgebiet des Kupferschnappers erstreckt sich über den ganzen Indo-Pazifik einschließlich des Roten Meeres.

This large snapper is a native of the Indo-Pacific Ocean including the Red Sea. It reaches a size of one metre and about 75 % of its diet consists of smaller fish. Young twinspot snappers imitate damselfish of the genus *Chromis* to enable them to get closer to their prey.

Einfleckschnapper – Onespot snapper – *Lutjanus monostigma*

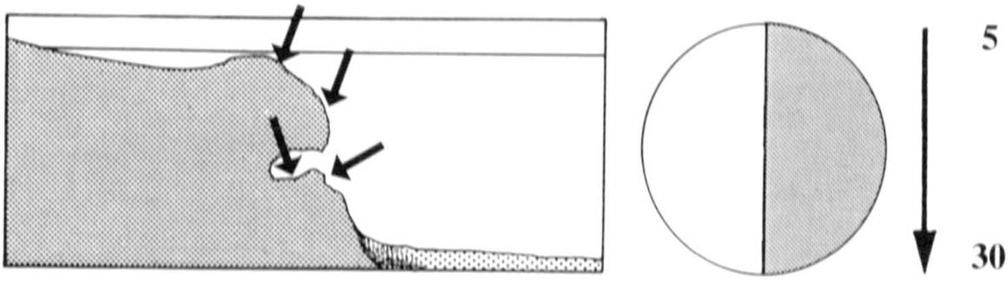

Der Einfleckschnapper, der eine Größe von 60 Zentimetern erreicht, macht vor allem Jagd auf Fische. Der schwarze Fleck auf der Höhe der Seitenlinie direkt über dem Anfang der Analflosse, der den Fischen dieser Art den Namen gab, ist bei alten Tieren manchmal nicht mehr zu sehen.

The onespot snapper reaches a size of 60 cm and preys mainly upon fish. Its name derives from the black spot directly above the base of its anal fin on a level with the lateral stripe; on old fish however this is sometimes no longer visible.

Kupferschnapper – Twinspot snapper – *Lutjanus bohar*

Einfleckschnapper – Onespot snapper – *Lutjanus monostigma*

SCHNAPPER EMPERORS LETHRINIDAE

Nicht zu verwechseln mit den Arten der Familie Lutjanidae sind die Lethrinidae, die im Deutschen ebenfalls als Schnapper – selten auch als „Straßenkehrer" – bezeichnet werden.

The Lethrinidae are also known as "snappers" in German, but they are not to be confused with the species of the family Lutjanidae.

Schönflossen-Schnapper – Orange-spotted emperor – *Lethrinus erythracanthus*

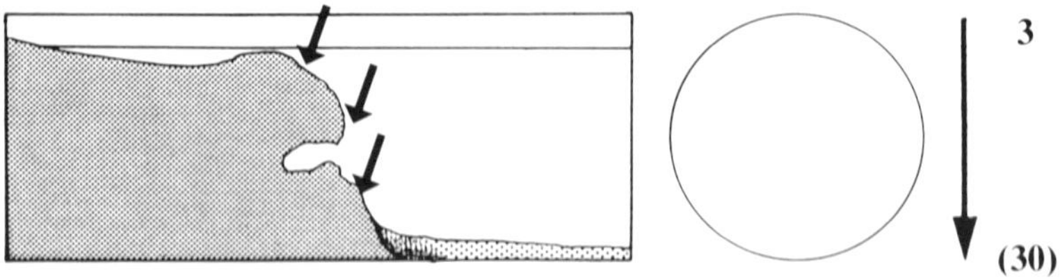

Wie allgemein für die Arten der Familie Lethrinidae typisch, hat auch der Schönflossen-Schnapper deutlich wulstige Lippen um das endständige Maul. Der bis zu 70 Zentimeter große Fisch ist im gesamten Indischen Ozean bis hinein in den Westpazifik verbreitet.

Like many other species of the family Lethrinidae the orange-spotted emperor has clearly delineated thick lips on its protruding mouth. It grows to a size of 70 cm and is widespread in the entire Indian Ocean as far as the western Pacific.

Gelblippen-Schnapper – Yellowlip emperor – *Lethrinus xanthochilus*

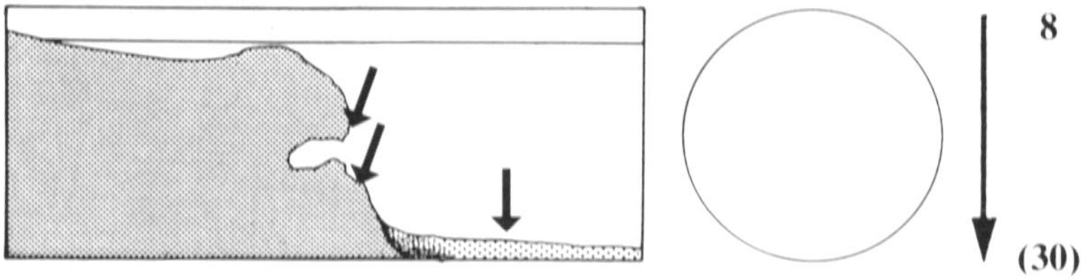

Nur wenige Fische des Riffs fressen Seegurken. Dazu zählen die Gelblippen-Schnapper, die auch Fische und Krebse jagen. Der Gelblippen-Schnapper wird bis zu 60 Zentimeter lang.

The yellowlip emperor is one of the few reef fish to eat sea cucumbers; it also preys upon fish and crustaceans. It reaches a size of 60 cm.

Schönflossen-Schnapper – Orange-spotted emperor – *Lethrinus erythracanthus*

Gelblippen-Schnapper – Yellowlip emperor – *Lethrinus xanthochilus*

SCHNAPPER EMPERORS LETHRINIDAE

Goldstreifen-Schnapper – Glowfish – *Gnathodentex aurolineatus*

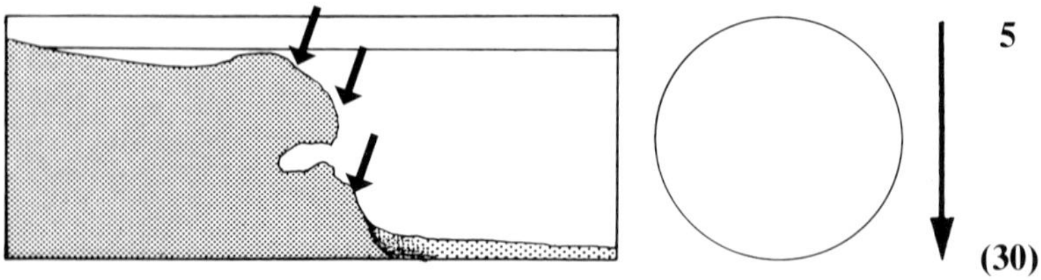

Ein großer gelber Fleck auf dem Rücken, direkt hinter der Rückenflosse, ist auch im Dunkel der Höhlen noch gut sichtbar, ein Fleck, der zu glühen scheint (englischer Name!). Diese Art ist im Indischen Ozean und im westlichen Pazifik weit verbreitet.

A large yellow spot on the fish's back directly behind the dorsal fin is clearly visible even in the darkness of the caves; it seems to glow, hence the English name. This species is widespread in the Indian Ocean and in the western Pacific.

Großaugenschnapper – Bigeye emperor – *Monotaxis grandoculis*

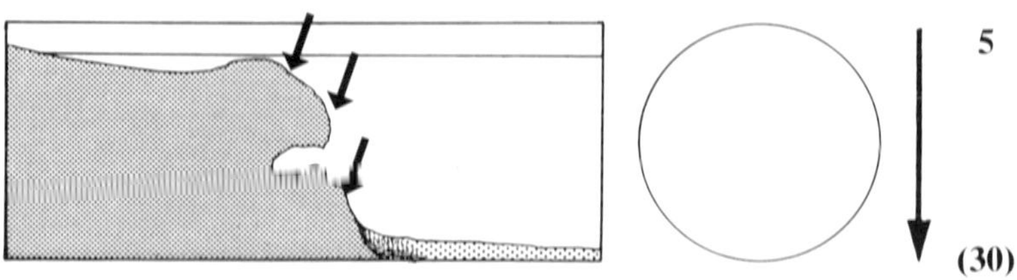

Die Jungfische der Großaugenschnapper sind mit vier schwarzen Querstreifen gebändert, ihr Kopf ist wesentlich spitzer als bei den ausgewachsenen Fischen. Diese sind auf dem Rücken grünlich, an den Seiten silbrig gefärbt und können plötzlich als Körperzeichnung vier schwarze Querstreifen zeigen. Die Großaugenschnapper werden kaum länger als 50 Zentimeter. Sie fressen Muscheln, Schnecken, Krabben und auch Einsiedlerkrebse.

Young bigeye emperors have four black crossbands, their heads are much more pointed than those of adult fish. A fully-grown bigeye emperor has a greenish back and silver-coloured sides and can suddenly produce four black crossbands as markings. It grows no larger than 50 cm and feeds on shellfish, snails, crustaceans and hermit crabs.

Goldstreifen-Schnapper – Glowfish – *Gnathodentex aurolineatus*

Großaugenschnapper – Bigeye emperor – *Monotaxis grandoculis*

FÜSILIERE FUSILIERS CAESIONIDAE

Goldrücken-Füsilier – Yellow fusilier – ***Caesio xanthonota***
Gestreifter Füsilier – Striped fusilier – ***Pterocaesio variliniata***
Gebänderter Füsilier – Dark-banded fusilier – ***Pterocaesio tile***
Goldstreifen-Füsilier – Goldstriped fusilier – ***Pterocaesio diagramma***

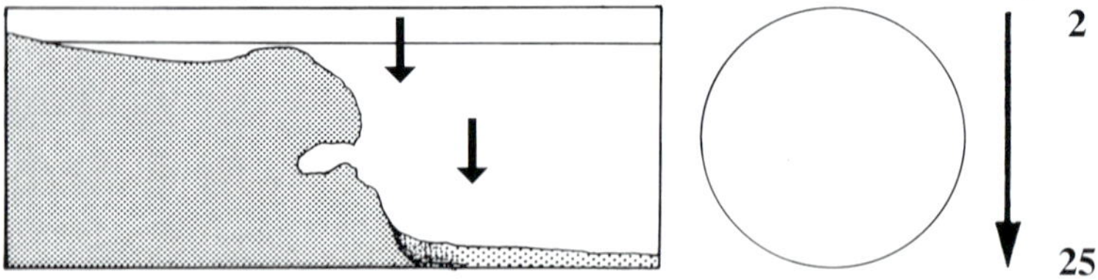

Die Füsiliere mit ihrem silbrig glänzenden, schlanken Körper und ihrer tief eingeschnittenen, symmetrischen Schwanzflosse sind Schwarmfische, die im freien Wasser über und vor dem Riff nach Zooplankton schnappen. Nachts dagegen suchen sie den Schutz der Riffe als Schlafplatz auf. Im Foto unten ist nur der vorderste Fisch ein Goldrücken-Füsilier, alle anderen sind Goldstreifen-Füsiliere.

Füsiliers are slender fish with gleaming silver bodies and deeply forked symmetrical caudal fins. They are shoal fish which snap up zooplankton in the open water above and in front of the reef. At night they seek sheltered places within the reef in which to sleep. In the photo below only the fish in the foreground is a yellow fusilier, all the others are goldstriped fusiliers.

Goldstreifen-Füsilier – Goldstriped fusilier – *Pterocaesio diagramma*
Vorne: Goldrücken-Füsilier – In front: Yellow fusilier – *Caesio xanthonota*

Gestreifter Füsilier – Striped fusilier – *Pterocaesio variliniata*

Gebänderter Füsilier – Dark-banded fusilier – *Pterocaesio tile*

SÜSSLIPPEN GRUNTS HAEMULIDAE

Gestreifte Süßlippe – Oriental grunt – *Plectorhynchus orientalis*
Gepunktete Süßlippe – Painted grunt – *Plectorhynchus chaetodonoides*

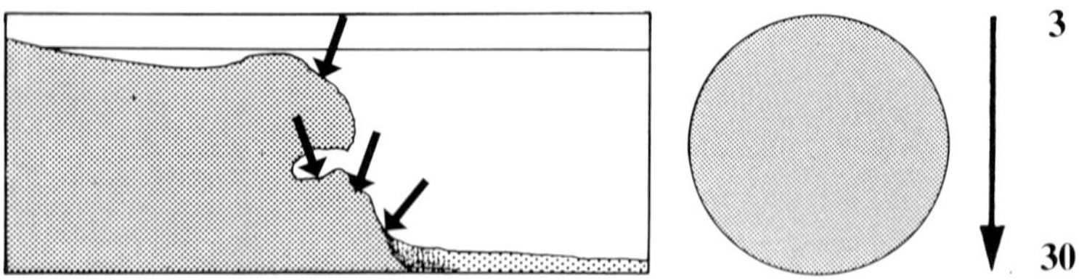

Die Süßlippen werden im Deutschen auch als Grunzer bezeichnet: Mit ihren Schlundzähnen geben sie deutlich hörbare Töne von sich, die von der gasgefüllten Schwimmblase verstärkt werden. Süßlippen sind nachtaktive Fische, die nach Einbruch der Dunkelheit auf Nahrungssuche gehen. Sie fressen vor allem bodenlebende Wirbellose.
Während die Gestreifte Süßlippe eine Größe von 50 Zentimetern erreicht, bringt es die Gefleckte auf 90 Zentimeter. Auf Seite 85 ist eine dritte Süßlippenart abgebildet: die Gelbgefleckte Süßlippe *(Plectorhynchus flavomaculatus).*

Grunts actually do grunt; using their throat teeth they can produce clearly audible sounds which are amplified by their gas-filled air bladder. They are nocturnal and start searching for food at nightfall, feeding mainly upon bottom-living invertebrates.
The oriental grunt only grows to a size of 50 cm but the painted grunt reaches 90 cm in length. On page 85 a third grunt species is depicted, the lemonfish, *Plectorhynchus flavomaculatus.*

Gestreifte Süßlippe – Oriental grunt – *Plectorhynchus orientalis*

Gepunktete Süßlippe – Painted grunt – *Plectorhynchus chaetodonoides*

FLEDERMAUSFISCHE SPADEFISH EPHIPPIDAE

Fledermausfisch – Batfish – *Platax teira*

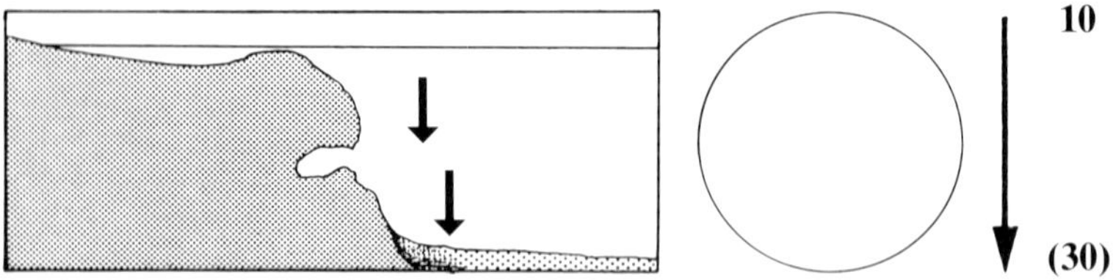

Die Fledermausfische sind dank ihrer auffälligen Körperform nicht zu verwechseln. Von den sieben Gattungen kommt nur die Gattung *Platax* an Riffen vor. Die Fledermausfische gehören zu den ganz wenigen Fischen, die Quallen fressen.

With their conspicuous shape batfish are really quite unmistakeable. Of the seven Ephippidae genera only the genus *Platax* occurs near reefs. Batfish are one of the very few fish species that eat jellyfish.

SCHEINSCHNAPPER BUTTERFLY BREAMS NEMIPTERIDAE

Zweistreifenbrasse – Two-lined monocle bream – *Scolopsis bilineatus*

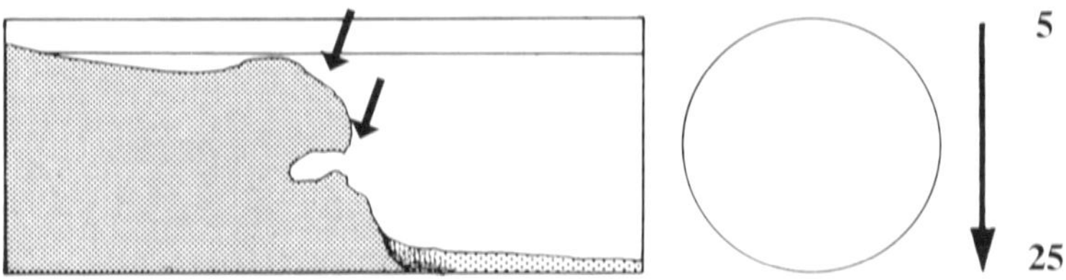

Die Scheinschnapper sind im flachen Wasser tropischer Riffe häufig. Sie fressen vor allem bodenlebende Wirbellose. Die Zweistreifenbrasse wird bis zu 20 Zentimeter lang.

Butterfly breams are quite common in the shallow waters of tropical reefs and feed mainly upon bottom-living invertebrates. The two-lined monocle bream grows to a size of 20 cm.

Fledermausfisch – Batfish – *Platax teira*

Zweistreifenbrasse – Two-lined monocle bream – *Scolopsis bilineatus*

GLASBARSCHE SWEEPERS PEMPHERIDAE

Schlanker Glasbarsch – Slender sweeper – *Parapriacanthus sp.*
Dunkler Glasbarsch – Dusky sweeper – *Pempheris adusta*

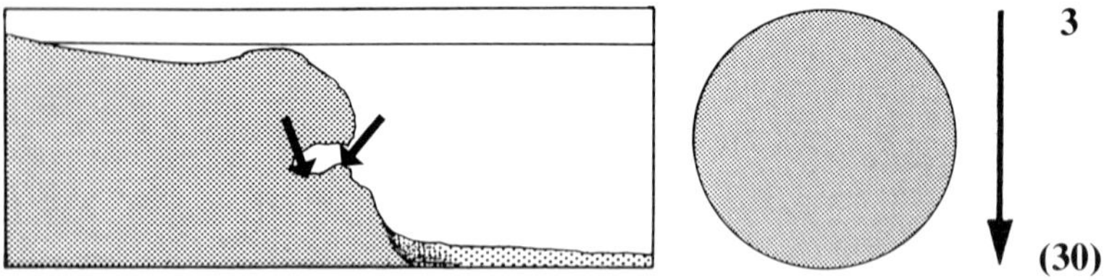

Die Glasbarsche sind eine kleine Familie, zu der nur die beiden Gattungen *Parapriacanthus* und *Pempheris* gehören. Sie haben auffallend große Augen. Tagsüber halten sich die Fische meist in dichten Schwärmen in Höhlen und tief in den dunklen Spalten des Riffs auf. Viel ist über die Biologie der Glasbarsche noch nicht bekannt. Die bisher vorliegenden Daten lassen vermuten, daß sie nachtaktiv sind und während der Dunkelheit Zooplankton fressen. Das Foto des Dunklen Glasbarsches zeigt diese Art zusammen mit einer Süßlippe, der Gelbgefleckten Süßlippe *(Plectorhynchus flavomaculatus)*.

Sweepers are a small family consisting only of the two genera *Parapriacanthus* and *Pempheris*. They have remarkably large eyes and spend the daylight hours in large shoals in caves and within the dark crevices of the reef. Not much is known about the biology of sweepers; the few facts available indicate that they are nocturnal fish which during the dark hours feed on zooplankton. The photo of the dusky sweeper shows it together with a grunt, a lemonfish *(Plectorhynchus flavomaculatus)*.

Schlanker Glasbarsch – Slender sweeper – *Parapriacanthus sp.*

Dunkler Glasbarsch – Dusky sweeper – *Pempheris adusta*

SANDBARSCHE SANDPERCHES PINGUIPEDIDAE

Sandbarsch – Spotted sandperch – *Parapercis hexophthalma*

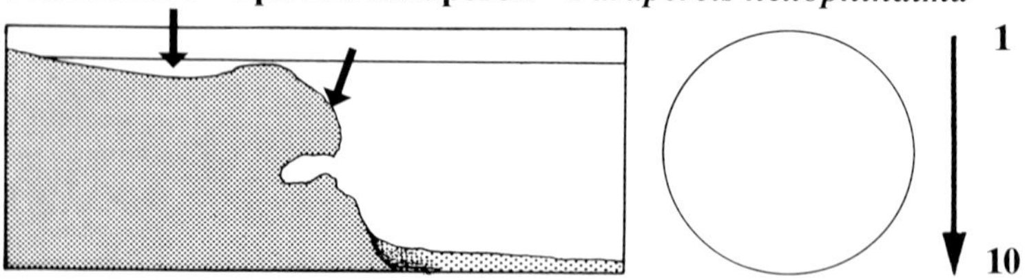

Auf den ersten Blick ähneln die Sandbarsche den Eidechsenfischen (Seite 28), mit denen sie aber nicht näher verwandt sind. Schon im ganz flachen Wasser trifft man auf sandigem Boden den Gefleckten Sandbarsch, der eine Länge von 23 Zentimetern erreicht. Im Gegensatz zum Weibchen hat das Männchen mehrere Querstreifen im Gesicht (kleines Foto).

At first glance sandperch seem similar to lizard fish (page 28), but they are not related at all. One comes across spotted sandperch in quite shallow water on sandy bottom; they reach a size of 23 cm. Males have several crossbands on the face, females have none (small photograph).

MEERBARBEN GOATFISH MULLIDAE

Gelbstreifen-Meerbarbe – Yellowstripe goatfish – *Mulloides flavolineatus*

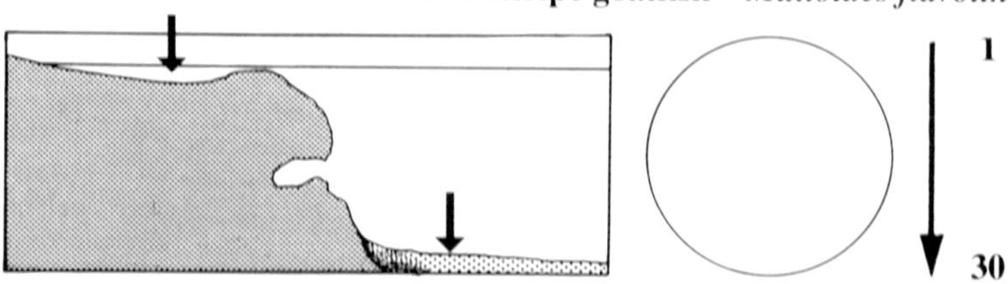

Die Meerbarben sind leicht an ihren zwei langen Barteln am Kinn zu erkennen, die bei frei schwimmenden Meerbarben aber oft eingeklappt sind. Bei der Nahrungssuche durchwühlen die Fische den lockeren Sand- und Schlammboden, wobei die mit Geschmacksknospen besetzten Barteln eine wichtige Hilfe sind. Die Gelbgestreifte Meerbarbe wird bis zu 40 Zentimeter lang.

Goatfish are easily identified by the two long barbels extending from their chins – although when swimming in open water they often have them tucked in. The barbels have tastebuds on them and are useful when the fish are grubbing amongst loose sand and mud searching for food. The yellowstripe goatfish grows to a size of 40 cm.

Sandbarsch – Spotted sandperch – *Parapercis hexophthalma*

Gelbstreifen-Meerbarbe – Yellowstripe goatfish – *Mulloides flavolineatus*

BARRAKUDAS BARRACUDAS SPHYRAENIDAE

Silberstrich-Barrakuda – Chevron barracuda – *Sphyraena putnamiae*

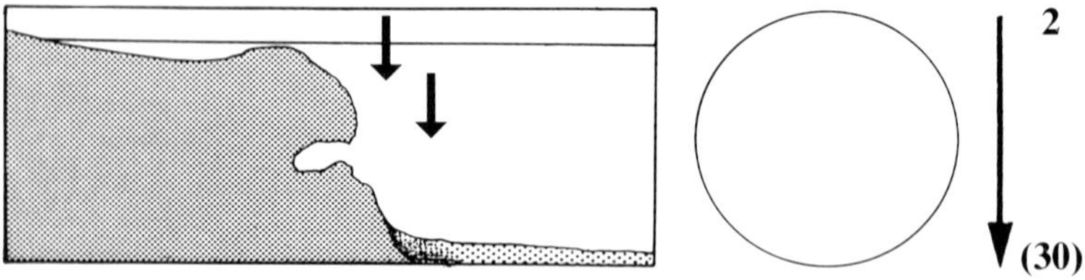

An den strömungsexponierten Riffkanten sieht man häufig Barrakudas – im Deutschen auch Pfeilhechte genannt – im freien Wasser stehen. Je nach Art schwimmen sie in Gruppen, kleinen Schwärmen oder jagen als Einzelgänger. Ihre Angriffsfreudigkeit Schnorchlern und Tauchern gegenüber wird meist stark übertrieben.

One often sees barracudas floating in the open water along reef edges exposed to the current. They swim in groups, in small shoals or on their own depending on the species. Reports of their attacking snorklers and divers tend to be greatly exaggerated.

KANINCHENFISCHE RABBITFISH SIGANIDAE

Tüpfel-Kaninchenfisch – Stellate rabbitfish – *Siganus stellatus*

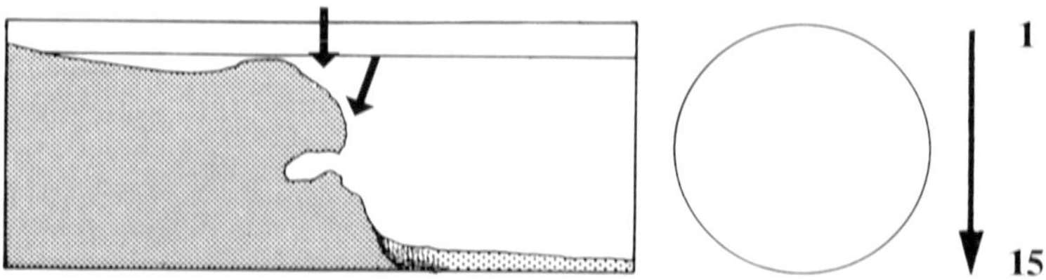

Diese Fische haben ihren Namen dem kaninchenähnlichen Maul zu verdanken. Mit ihren kleinen, scharfen Zähnen weiden sie die Algenteppiche im Riff ab. Der Tüpfel-Kaninchenfisch lebt meist paarweise. Tagsüber ist sein Körper mit kleinen, dunklen Punkten übersät. Nachts dagegen, wenn er schläft, kehrt sich diese Färbung um.

These fish have rabbit-like snouts, hence their name. Using their small sharp teeth they graze upon carpets of algae within the reef. Stellate rabbitfish usually live in pairs. During the day their bodies are speckled with small dark spots; at night however, when they are asleep, this colouring is reversed.

Silberstrich-Barrakuda – Chevron barracuda – *Sphyraena putnamiae*

Tüpfel-Kaninchenfisch – Stellate rabbitfish – *Siganus stellatus*

MEERÄSCHEN MULLETS MUGILIDAE

Fransenlippige Meeräsche – Fringelip mullet – *Crenimugil crenilabis*

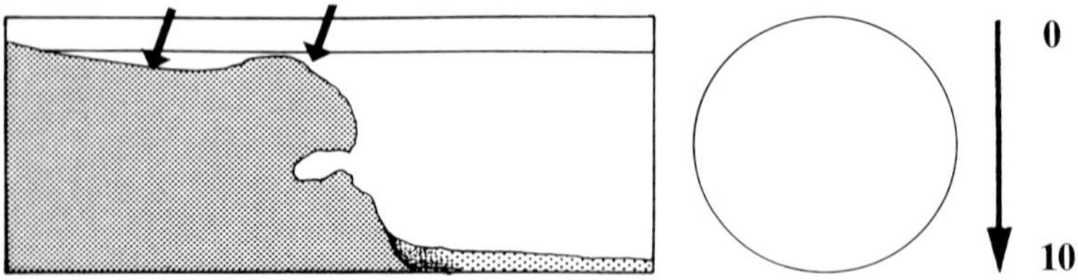

Die verschiedenen Arten dieser Familie sind typische Schwarmfische der Flachwasserzonen. Die schlanken, silbrig glänzenden Meeräschen fressen Algen und abgestorbenes organisches Material (Detritus), das sie vom Bodensediment aufnehmen. *Crenimugil crenilabis* ist im gesamten Indo-Pazifik verbreitet. Die Tiere werden maximal 50 Zentimeter lang.
The various species of this family are all typical shoal fish of the shallow water zones. The slim, silvery mullet feeds on algae and decomposed organic matter (detritus) that is to be found in the ground sediment. *Crenimugil crenilabis* is widespread throughout the entire Indo-Pacific Ocean and grows to 50 cm at the most.

SCHIFFSHALTER REMORAS ECHENEIDIDAE

Schiffshalter – Sharksucker – *Echeneis naucrates*

Schiffshalter heften sich mit ihrem Saugorgan, einer umgewandelten Rückenflosse, an großen Fischen, Schildkröten und Meeressäugern fest. Sie übernehmen eine Putzerfunktion für ihren Transporteur: Im Magen der Schiffshalter wurden die großen Ektoparasiten von Haien, Rochen und Walen gefunden. Das Foto zeigt einen Schiffshalter bei einem Adlerrochen (Seite 24). Typisch für die Schiffshalter – neun Arten sind bekannt – ist ein stark abgeflachter Kopf mit großem Maul und vorspringendem Unterkiefer. Die zweite Rückenflosse ist niedrig und steht der Afterflosse gegenüber. Die Schiffshalter sind ausdauernde und geschickte Schwimmer. Ihr Vorkommen beschränkt sich auf die wärmeren Meeresgebiete.
Remoras attach themselves to large fish, turtles and marine mammals with a sukking disc derived from a spinous dorsal fin. They act as cleaners for their hosts: large ectoparasites from sharks, rays and whales have been found in their stomachs. The photo shows a remora with an eagle ray (p. 24). There are nine known species of remoras; they all have flattened heads with large mouths and projecting lower jaws. The second dorsal fin is short and positioned opposite the anal fin. Remoras only occur in warmer seas and are strong skilled swimmers.

Fransenlippige Meeräsche – Fringelip mullet – *Crenimugil crenilabis*

Schiffshalter – Sharksucker – *Echeneis naucrates*

RIFFBARSCHE DAMSELFISH POMACENTRIDAE

Malediven-Anemonenfisch – Black-footed clown fish – ***Amphiprion nigripes***
Dreistreifen-Anemonenfisch – Clark's anemonefish – ***Amphiprion clarki***

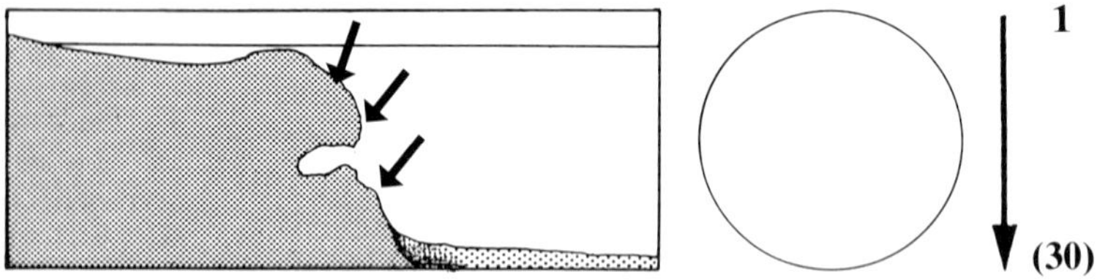

Die stark nesselnden Seeanemonen sind der Lebensraum der zu den Riffbarschen zählenden Anemonenfische (Clownfische). Alle Aktivitäten der kleinen, bunten Fische gehen von der Aktinie aus und erstrecken sich nur auf deren unmittelbare Umgebung. Hier suchen die Fische ihre Nahrung: Zooplankton, das sie aus dem freien Wasser schnappen. Bei Gefahr und nachts zum Schlafen ziehen sich die Fische vollständig in den Tentakel-„Wald" der Seeanemone zurück. Der Malediven-Anemonenfisch ist eine der wenigen Fischarten, die ausschließlich von den Malediven bekannt sind: Nur hier, nirgendwo sonst, gibt es diese Art. Sie ist leicht an ihren schwarzen Bauchflossen zu erkennen.
Im Gegensatz zum Malediven-Anemonenfisch ist der Dreistreifen-Anemonenfisch im gesamten Indo-Pazifik weit verbreitet. Die Eier (kleines Bild) werden in unmittelbarer Nähe der Fußscheibe der Anemone abgelegt und genießen so auch den Nesselschutz.

Anemone fish and clown fish belong to the damselfish family and live in close association with stinging sea anemones. All activities of these small brightly coloured fish are related to the Actinia and limited to the area where it grows. They search for zooplankton here which they snap up in the open water, withdrawing into the tentacle "forest" of the sea anemone when they feel threatened or at night to sleep.
The black-footed clown fish is one of the few species indigenous only to the Maldives – (it occurs nowhere else). It is easily recognisable by its black pelvic fins. Clark's anemonefish, on the other hand, is common to the entire Indo-Pacific Ocean. The eggs (insert) are deposited close to the pedal disc of the sea anemone and thus they are also protected by the Nematocysts.

Malediven-Anemonenfisch – Black-footed clown fish – *Amphiprion nigripes*

Dreistreifen-Anemonenfisch – Clark's anemonefish – *Amphiprion clarki*

RIFFBARSCH DAMSELFISH POMACENTRIDAE

Grüner Riffbarsch – Bluegreen damselfish – ***Chromis viridis***
Schöner Riffbarsch – Beautiful damselfish – ***Pomacentrus caeruleus***

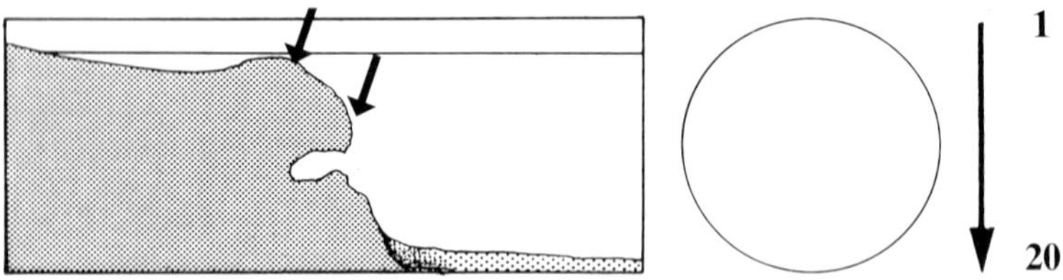

Die Riffbarsche bilden eine große, artenreiche Familie. Es sind kleine, oft auffällig gefärbte Fische. Die meisten Riffbarsche sind sehr standortstreu, sie verteidigen häufig vehement ihr Revier. Vor allem, wenn es darum geht, ihr Gelege zu bewachen, sind die Riffbarsche aggressiv; dann greifen die kleinen, Brutpflege betreibenden Männchen selbst Taucher an!
Der Grüne Riffbarsch wird bis zu 10 Zentimeter lang. Diese Art ist im gesamten Indo-Pazifik im flachen Wasser der Korallenriffe recht häufig. Die Grünen Riffbarsche stehen oft in kleinen Schwärmen dicht über „ihrer" Koralle (meist sind es stark verzweigte *Acropora*-Arten). Zwischen den Korallenästen verschwinden sie blitzschnell, wenn Gefahr droht. Auf dem Foto wird der Grüne Riffbarsch gerade von einem Putzerlippfisch *(Labroides bicolor,* Seite 106) in der Jugendfärbung geputzt.

Damselfish are large family with numerous species. Small and often brightly coloured, most damselfish live in a restricted area and will defend their territory vehemently, becoming particularly aggressive when guarding eggs. The male of the species takes care of the young and will even attack divers!
Bluegreen damselfish grow to a size of 10 cm and are quite common in the shallows of the coral reefs of the Indo-Pacific Ocean. They are often seen in small shoals directly above their "home" coral, usually one of the many-branched *Acropora* species, into which they rapidly disappear whenever danger threatens. The photograph shows a bluegreen damselfish being cleaned by a cleaner wrasse in its juvenile colouring *(Labroides bicolor,* page 106).

Grüner Riffbarsch – Bluegreen damselfish – *Chromis viridis*

Schöner Riffbarsch – Beautiful damselfish – *Pomacentrus caeruleus*

LIPPFISCHE WRASSES LABRIDAE

In Körperform, -größe und -färbung sehr unterschiedliche Fischarten werden in der großen Familie der Lippfische zusammengefaßt. Zu ihnen zählen die gerade fingergroßen Putzerlippfische genauso wie der bis über zwei Meter lange Napoleonsfisch.
Häufig sind bei den verschiedenen Lippfischarten die Jungfische ganz anders gefärbt als die geschlechtsreifen Tiere. Auch sind die Männchen und Weibchen einer Art oft so unterschiedlich gefärbt, daß sie früher als zwei verschiedene Arten angesehen wurden.
Lippfische sind tagaktiv. Viele Arten graben sich bei Einbruch der Dunkelheit zum Schutz vor den nachtaktiven Raubfischen in den lockeren Sandboden ein.

The large family of wrasses consists of many species with very different shapes, sizes and colours. It ranges from the cleaner wrasse, about the size of a finger, to the humphead wrasse, a good two metres long.
The young fish of a species are frequently quite another colour from the mature fish. The differences in colour between adult males and females are such that they frequently were regarded as two separate species. Wrasses are active during the day. Many species bury themselves into loose sand on the sea floor when night falls to protect themselves from nocturnal predators.

Napoleonsfisch – Humphead wrasse – *Cheilinus undulatus*

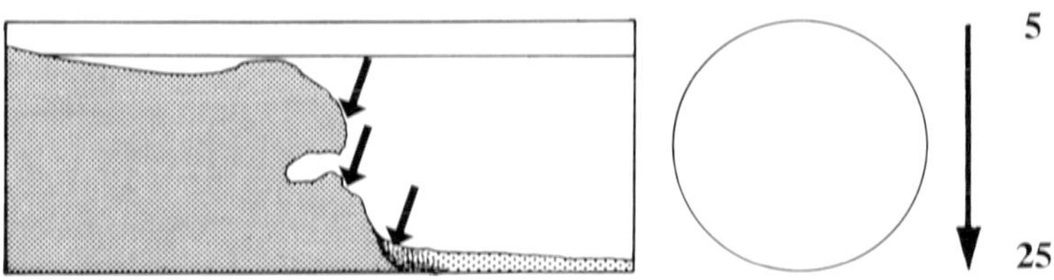

Der bisher größte exakt vermessene Napoleonsfisch wog 190,5 Kilogramm und war 229 Zentimeter lang. Napoleonsfische fressen Schnecken, Muscheln, Fische, Seegurken und Krebstiere. Das Foto zeigt den Napoleonsfisch in einer Gruppe von Haremsfahnenbarschen (Seite 60).

The largest humphead wrasse to be measured exactly weighed 190.5 kilos and was 229 cm long. Humphead wrasses feed on snails, shellfish, fish, sea cucumbers and crustaceans. The photograph shows a humphead wrasse with a group of scalefin anthias (page 60).

Napoleonsfisch – Humphead wrasse – *Cheilinus undulatus*

LIPPFISCHE WRASSES LABRIDAE

Rotbrust-Lippfisch – Redbreasted wrasse – *Cheilinus fasciatus*

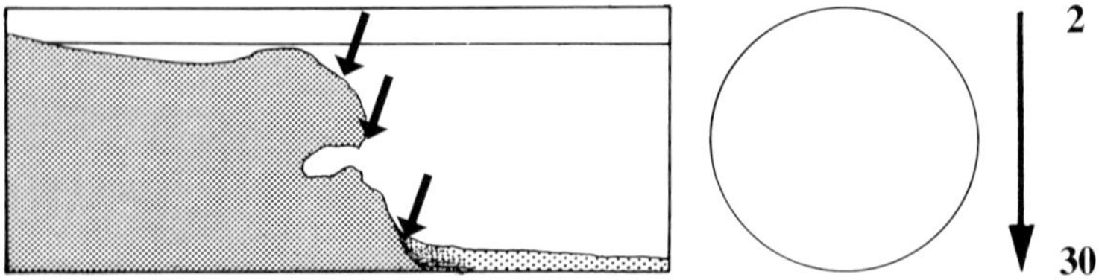

Häufig sieht man die bis zu 35 Zentimeter langen Rotbrust-Lippfische gründelnde Meerbarben (Seite 86) begleiten. Sie stoßen blitzschnell zu, wenn die Meerbarben beim Durchwühlen des Sandbodens etwas Freßbares freilegen.

Redbreasted wrasses grow to a size of 35 cm. They are frequently to be seen accompanying goatfish grubbing for food, and will immediately dart for anything edible that the goatfish uncovers in the loose sandy bottom.

Stülpmaul-Lippfisch – Slingjaw wrasse – *Epibulus insidiator*

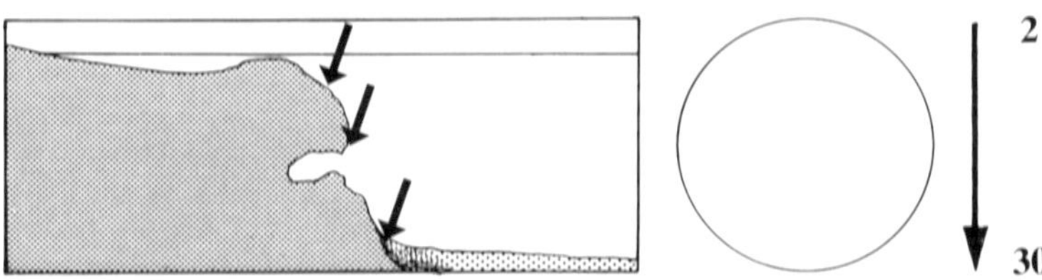

Die Art zeichnet sich durch ihre erstaunliche Fähigkeit aus, das Maul um mehr als eine ganze Kopflänge vorzustülpen. Die Stülpmaul-Lippfische fressen kleine Fische, Krabben und Garnelen. Diese im Indo-Pazifik weit verbreiteten Lippfische werden bis zu 35 Zentimeter lang.

This species is quite common to the Indo-Pacific Ocean and reaches a length of 35 cm. The slingjaw wrasse's characteristic feature is its amazing ability to extend its mouth forwards by more than the length of its head. It feeds on small fish, shrimps and crustaceans.

Rotbrust-Lippfisch – Redbreasted wrasse – *Cheilinus fasciatus*

Stülpmaul-Lippfisch – Slingjaw wrasse – *Epibulus insidiator*

LIPPFISCHE WRASSES LABRIDAE

Sattelstreifen-Junker – Six-barred wrasse – *Thalassoma hartwicki*

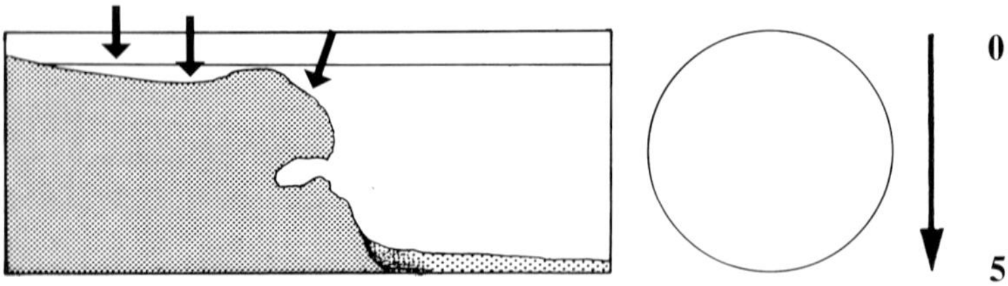

Schon im ganz flachen Wasser der maledivischen Korallenriffe trifft man häufig auf diese kleinen Lippfische. Der Sattelstreifen-Junker wird bis zu 18 Zentimeter groß. Diese Art ist im Indo-Pazifik weit verbreitet.

One quite frequently comes across this small wrasse in the very shallow waters of the Maldivian coral reefs. It grows to a size of 18 cm and is widely distributed throughout the Indo-Pacific Ocean.

Mondschwanz-Lippfisch – Moon wrasse – *Thalassoma lunare*

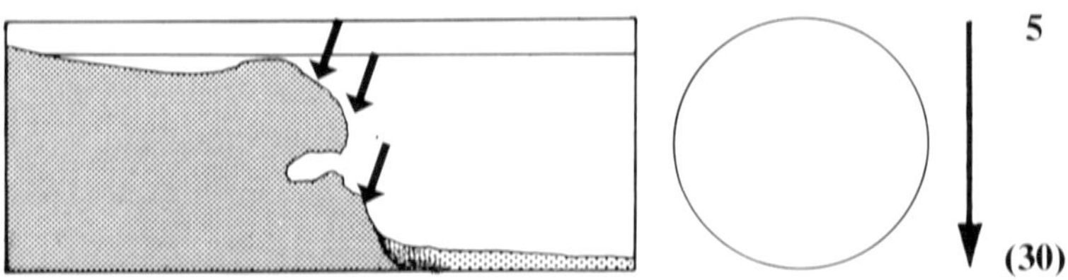

Bei der Umwandlung vom Weibchen (großes Foto) zum Männchen ändert sich die Farbe von dezenten Grüntönen zu einem strahlenden Blau (kleines Foto). Geschlechtswechsel ist bei den Lippfischen weit verbreitet. Die Mondschwanz-Lippfische verhalten sich oft als Putzer.

It is quite common for wrasses to change sex: when the moon wrasse turns from a female (great photo) to a male its colour changes too, from rather subdued green tones to bright blue (small photo). Moon wrasses often act as cleaners.

Sattelstreifen-Junker – Six-barred wrasse – *Thalassoma hartwicki*

Mondschwanz-Lippfisch – Moon wrasse – *Thalassoma lunare*

LIPPFISCHE WRASSES LABRIDAE

Anemonen Junker – Anemone wrasse – *Thalassoma amblycephalus*

Nicht nur Riffbarsche wie die Anemonenfische (Seite 92), sondern auch einige wenige andere Fischarten haben es geschafft, zwischen den nesselnden Tentakeln von Seeanemonen zu überleben, die für andere Fische eine tödliche Gefahr sind. Das kleine Foto zeigt die Jungfische des Anemonenjunkers, das große ein ausgefärbtes Männchen.

The anemone wrasse is one of the few fish species other than the anemone fish (page 92) of the damselfish family that manage to survive amongst the stinging tentacles of the sea anemones, which for most fish are fatal. The small photo shows the young fish of the anemone wrasse, the great one shows a male.

Gesprenkelter Meerjunker – Dappled coris – *Coris variegatus*

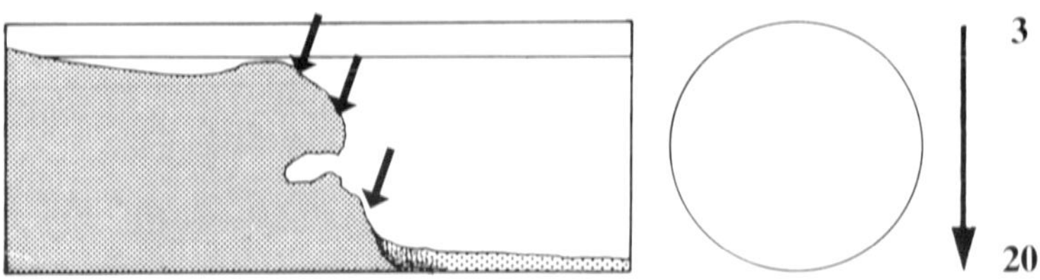

Die kleinen, rot bis schwarzen Flecken auf den Körperseiten bilden von den Kiemen bis zur Schwanzflosse mehrere unregelmäßige Längsstreifen. Der Gesprenkelte Meerjunker wird bis zu 20 Zentimeter groß. Sein Verbreitungsgebiet reicht von der ostafrikanischen Küste bis zu den Marshall-Inseln im Pazifik.

This species grows to a size of 20 cm and is to be found from the East African coast to the Marshall Islands in the Pacific. The small red to black spots on the sides of the dappled coris form several irregular lateral stripes, extending from the gills to the caudal fin.

Anemonen Junker – Anemone wrasse – *Thalassoma ambylcephalus*

Gesprenkelter Meerjunker – Dappled coris – *Coris variegatus*

LIPPFISCHE WRASSES LABRIDAE

Schermesserfisch – Rockmover wrasse – *Novaculichthys taeniourus*
Schermesserfisch – Razorfish – *Xyrichthys sp.*
Achselfleck-Schweinsfisch – Axilspot hogfish – *Bodianus axillaris*
Großzahn-Lippfisch – Vermiculate wrasse – *Macropharyngodon bipartitus*

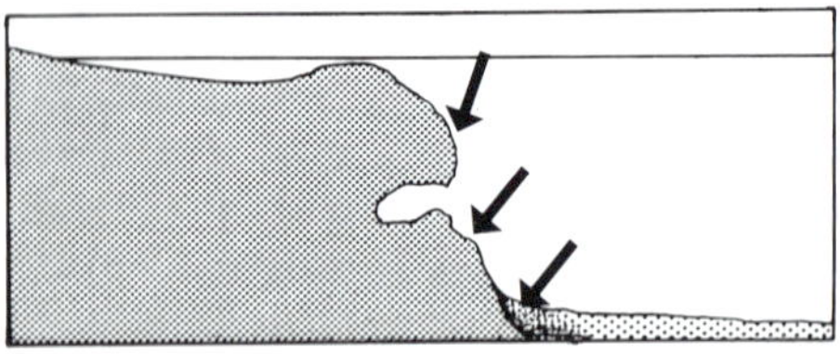

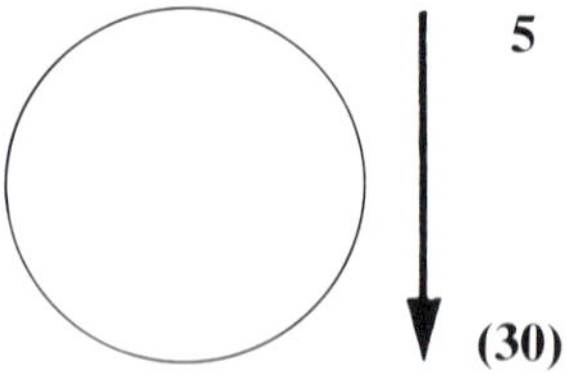

Die bis zu 13 Zentimeter langen Großzahn-Lippfische zeigen als Jungfische ein sehr auffallendes, buntes Farbkleid. Die schwarzweiß gepunktete Jugendform des Achselfleck-Schweinsfisches betätigt sich gelegentlich als Putzer. Junge Schermesserfische ahmen treibende Algenstücke nach.
Vermiculate wrasses grow to a size of 13 cm and as juveniles are strikingly and brightly coloured. The juvenile form of the axilspot hogfish has black and white spots and occasionally acts as a cleaner. Young rockmover wrasses emulate drifting algae.

Schermesserfisch – Rockmover wrasse – *Novaculichthys taeniourus* (subadult)
Schermesserfisch – Razorfish – *Xyrichthys sp.* (kl. Foto/Inset)

Achselfleck-Schweinsfisch – Axilspot hogfish – *Bodianus axillaris*

Großzahn-Lippfisch – Vermiculate wrasse – *Macropharyngodon bipartitus*

LIPPFISCHE WRASSES LABRIDAE

Meerschwalbe – Cleaner wrasse – *Labroides dimidiatus*

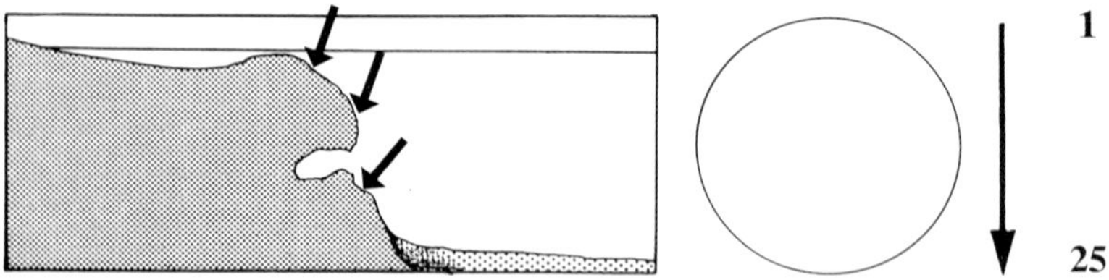

Die kaum fingergroßen Meerschwalben haben sich ganz auf das Putzen anderer Fische spezialisiert. Die Putzerstationen werden von den vielen Fischen des Riffs, egal ob Raub- oder Friedfisch, regelmäßig besucht. Typisch für die Meerschwalben ist, daß sie als Pärchen einen „Kunden" putzen, wie auf dem Foto einen Nashornfisch (Seite 134).

Barely finger-sized, the cleaner wrasse's speciality is cleaning other fish. Many different kinds of reef fish including predators visit the cleaning stations regularly. Cleaner wrasses often service a "client" in pairs, as with the spotted unicorn fish in the photo (page 134).

Großer Putzer – Cleaner wrasse – *Labroides bicolor*

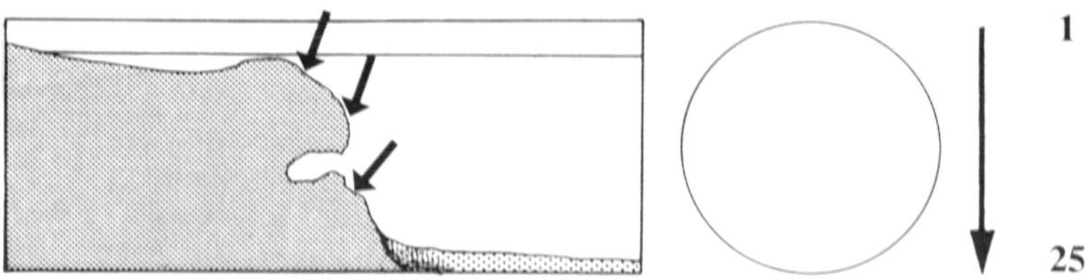

Die verschiedenen Arten der Putzerlippfische (Gattung *Labroides*) säubern nicht nur die Haut ihrer „Kunden", sondern gehen auch ins Maul zur „Zahnpflege" und tief in den Kiemenapparat – auch wenn es Raubfische sind, die sich putzen lassen, wie auf dem Foto die Muräne. Die Jungfische des Großen Putzers sind gelb-schwarz gestreift (Seite 94).

The various species of *Labroides* clean not only the skin of their "clients" but also enter their mouths to clean their teeth. They will go right down into fishes' throats, even those of predators, like the moray in the photo. Juvenile cleaner wrasses have yellow and black stripes (page 94).

Meerschwalbe – Cleaner wrasse – *Labroides dimidiatus*

Großer Putzer – Cleaner wrasse – *Labroides bicolor*

PAPAGEIENFISCHE PARROT FISH SCARIDAE

Die Papageienfische gehören zu den auffälligsten Fischen der Korallenriffe. Sie verdanken ihren Namen sowohl ihrer bunten Färbung als auch ihrem schnabelähnlichen Gebiß. Mit ihren kräftigen Kiefern schaben die Papageienfische Algenbewuchs von den Steinkorallen ab und hinterlassen dabei häufig deutliche Freßspuren im Korallenstein. Aufgenommenen Korallenkalk scheiden sie als feinkörnigen Sandstaub wieder aus und leisten so einen ganz entscheidenden Beitrag zur Stabilisierung der riesigen Korallenriffe. Bei Nachttauchgängen sieht man die Papageienfische häufig am Boden und zwischen den Korallenblöcken schlafen. Einige Arten hüllen sich nachts zum Schutz gegen große Raubfische in eine durchsichtige Glocke aus Schleim ein. Die Schleimglocke wird von speziellen Drüsen unter dem Kiemendeckel gebildet.

Parrot fish are amongst the most conspicuous fish of the coral reef, taking their name from their bright colouring and parrot-like beaks. With their powerful jaws parrot fish scrape algae growths off stony coral, often leaving clearly visible marks behind on the coral. The coral that they ingest is later excreted as a fine sandy powder, thereby helping to stabilise the huge coral reefs. When diving at night one often sees parrotfish asleep on the bottom and in between blocks of coral. Some species cover themselves in a transparent coat of mucus as protection from large predators. This mucus coating is produced by special glands under the gill covers.

Schwarzer Papageienfisch – Swarthy parrot fish – *Scarus niger*

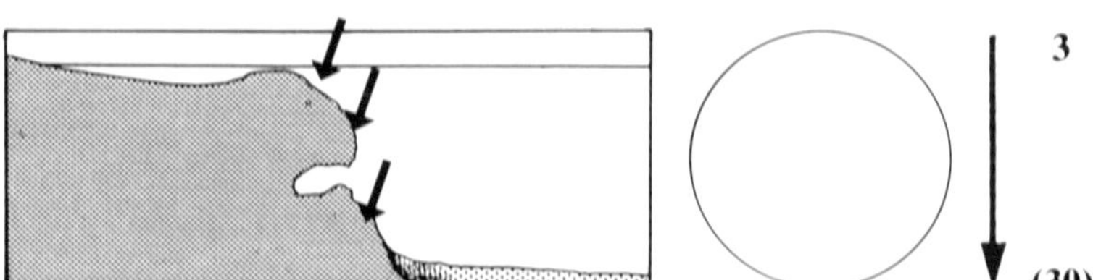

Diese Art ist im Indo-Pazifik einschließlich des Roten Meeres weit verbreitet. Die Schwarzen Papageienfische werden 40 Zentimeter lang.

This species is widely distributed throughout the Indo-Pacific Ocean and the Red Sea. Swarthy parrot fish grow to a size of 40 cm.

Schwarzer Papageienfisch – Swarthy parrot fish – *Scarus niger*

PAPAGEIENFISCHE PARROT FISH SCARIDAE

Gebänderter Papageienfisch – Banded parrot fish – *Scarus microrynchus*
Blauband-Papageienfisch – Blue barred parrot fish – *Scarus prasiognathos*
Zweifarben-Papageienfisch – Bicolour parrot fish – *Cetoscarus bicolor*

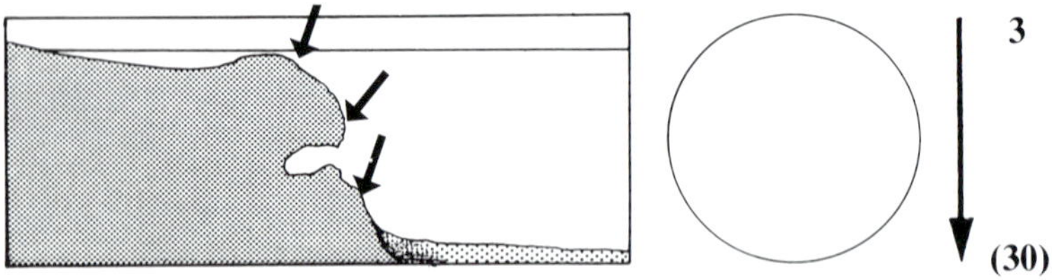

Die eng mit den Lippfischen verwandten Papageienfische sind nur sehr schwer zu bestimmen. Im Laufe ihrer Entwicklung ändern sie stark ihre Körperzeichnung und -färbung. Blauband-Papageienfisch: das große Foto zeigt ein Männchen, das kleine ein Weibchen.
Zweifarben-Papageienfisch: das kleine Foto zeigt ein Jungtier.

Parrot fish are closely related to wrasses; the individual species are difficult to identify. As they mature their markings and colouring change.
Blue-barred parrot fish: the large photograph shows a male, the small one a female. Bicolor parrot fish: the small photo shows a juvenile.

Gebänderter Papageienfisch – Banded parrot fish – *Scarus microrynchus*

Blauband-Papageienfisch – Blue barred parrot fish – *Scarus prasiognathos*

Zweifarben-Papageienfisch – Bicolour parrot fish – *Cetoscarus bicolor*

FALTERFISCHE BUTTERFLY FISH CHAETODONTIDAE

Halsband-Falterfisch – Collared butterfly fish – *Chaetodon collare*
Gebänderter Falterfisch – Meyer's butterfly fish – *Chaetodon meyeri*

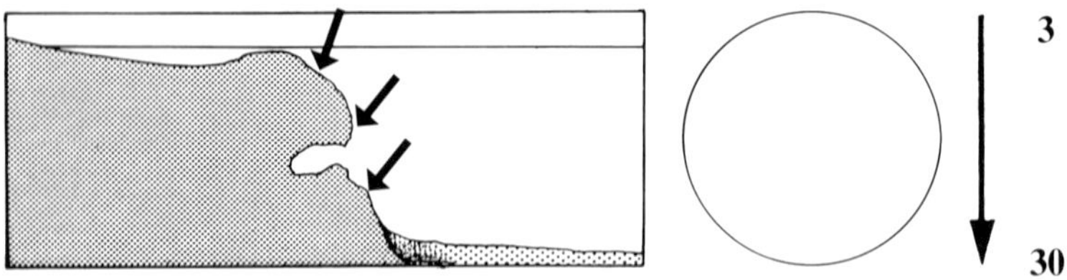

Falterfische gehören zu den farbenprächtigsten Riffbewohnern. Die plakative Färbung dieser flachen, hochrückigen Fische hat mehrere wichtige Funktionen, wie die Verhaltensforscher herausgefunden haben. So ist sie auch für die richtige Partnerwahl wichtig: Im Korallenriff leben auf engstem Raum sehr viele nahe verwandte Arten zusammen. Fremdverpaarungen führen zu unfruchtbaren Nachkommen, einer biologischen Sackgasse. Andererseits signalisieren die Plakatfarben bei den territorialen Fischen den Artgenossen schon von weitem: „Dieser Riffabschnitt ist besetzt!“ Um nicht ständig von den Erwachsenen attackiert zu werden, ist die Körperzeichnung und -färbung der juvenilen Falterfische oft deutlich anders als die der Alttiere. Früher wurden die jungen und die erwachsenen Fische einer Art häufig als zwei verschiedene Arten angesehen.

Butterfly fish are amongst the most brilliantly coloured reef dwellers. The signal colouring of these flat, high-backed fish serves several important purposes, as ethologists have discovered. For one thing it helps in choosing a compatible mate. Very many closely related species live in the coral reef at very close quarters. Mis-mating produces infertile young, a biological dead end for the fish concerned. Alternatively, the signal colours of territorial fish indicate to others of the same species from a good distance that "this part of the reef is already occupied!“ To avoid constantly being attacked by mature fish juvenile butterfly fish often have distinctly different markings and colouring from their elders. Hence juvenile and mature fish of one species frequently used to be considered as two separate ones.

Halsband-Falterfisch – Collared butterfly fish – *Chaetodon collare*

Gebänderter Falterfisch – Meyer's butterfly fish – *Chaetodon meyeri*

FALTERFISCHE BUTTERFLY FISH CHAETODONTIDAE

Doppelsattel-Falterfisch – Saddled butterfly fish – ***Chaetodon falcula***
Riesenfalterfisch – Lined butterfly fish – ***Chaetodon lineolatus***

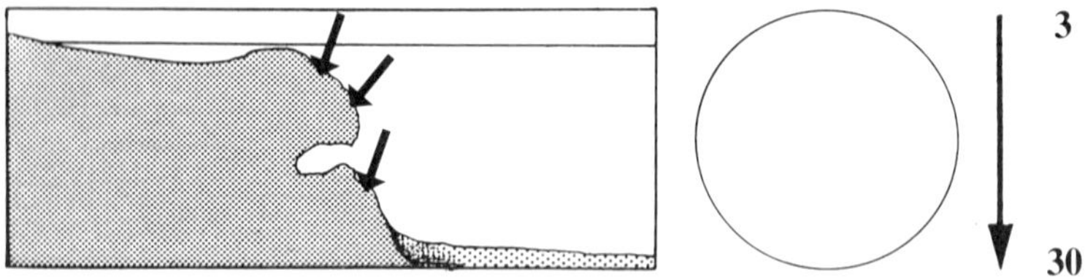

Häufig sieht man die Falterfische paarweise durch das Korallenriff streifen. Die meisten Arten dieser Familie leben in Dauerehe. Haben sich erst einmal zwei Partner der gleichen Art gefunden, bleiben sie ein Leben lang zusammen. Neben der plakativen Färbung ist auch die Dauerehe eine Hilfe, Fehlpaarungen zu vermeiden. Die in Dauerehe lebenden Falterfische betreiben alle keine Brutpflege.
Der Riesenfalterfisch erreicht mit 30 Zentimetern eine erstaunliche Körpergröße; die anderen Arten sind deutlich kleiner. Von dem Verhaltensforscher Hans W. Fricke, der mit Sporttauchgerät jahrelang die Tiere des Korallenriffs beobachtete, wissen wir, daß der Riesenfalterfisch überraschend große Riffabschnitte als Revier gegenüber Artgenossen verteidigt: Ein einziger Riesenfalterfisch verjagte in einem Gebiet von 500 Meter Länge jeden Artgenossen!

Butterfly fish can often be observed cruising in pairs along the coral reef. Most species of this family are monogamous; once a pair of the same species become mates they remain together for the rest of their lives. Like signal colouring monogamy is a way of avoiding mis-mating. The young of the monogamous butterfly fish are left to fend for themselves.
The lined butterfly fish grows to the amazing size of 30 cm; other species are much smaller. The ethologist Hans W. Fricke, who for many years using sport diving equipment has studied the behaviour of coral reef dwellers, reports that a lined butterfly fish will defend a surprisingly long stretch of reef against others of its own species, regarding it as its own particular territory. One individual lined butterfly fish chased off all other fish of its kind from an area 500 metres long!

Doppelsattelfalterfisch – Saddled butterfly fish – *Chaetodon falcula*

Riesenfalterfisch – Lined butterfly fish – *Chaetodon lineolatus*

FALTERFISCHE BUTTERFLY FISH CHAETODONTIDAE

Mondsichel-Falterfisch – Halfmoon butterfly fish – ***Chaetodon lunula***
Pfauenaugen-Falterfisch – Bennett's butterfly fish – ***Chaetodon bennetti***

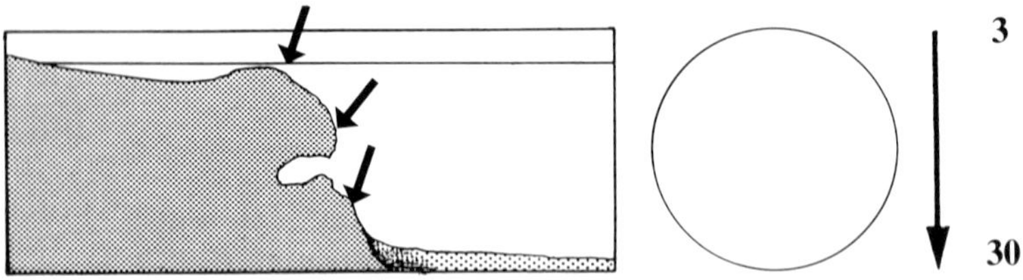

Neben „Falterfischen" haben die Chaetodontidae noch einen zweiten, weniger gebräuchlichen Namen: „Borstenzähner". Mit ihren vielen spitzen, borstenartigen Zähnen zupfen sie ihre Nahrung von der Korallenoberfläche. Sie sind meist Allesfresser, die den Algenbewuchs abweiden, kleine Krebse und Würmer ebenso fressen wie Korallenpolypen. Selbst die Tentakelspitzen der Seeanemonen haben es einigen Falterfischen angetan. Vergreifen sie sich dabei aber an einer Seeanemone, die von Clownfischen (Seite 92) bewohnt wird, so kann man beobachten, wie die viel kleineren Clownfische ihre Anemone verteidigen und die Falterfische mit vehementen Attacken in die Flucht treiben!

Butterfly fish have many sharp, bristle-like teeth with which they pluck food from the surface of the coral. They are usually omnivores, feeding on algae growths as well as small crustaceans, worms and coral polyps. Some butterfly fish will even approach the tentacle tips of sea anemones; however, should they trespass onto one that is inhabited by a clown fish (page 92), one can observe how the much smaller clown fish will defend "its" anemone and chase the butterfly fish away!

Mondsichel-Falterfisch – Halfmoon butterfly fish – *Chaetodon lunula*

Pfauenaugen-Falterfisch – Bennett's butterfly fish – *Chaetodon bennetti*

FALTERFISCH BUTTERFLY FISH CHAETODONTIDAE

Maskenwimpelfisch – Bannerfish – *Heniochus monoceros*
Eckiger Wimpelfisch – Pennant bannerfish – *Heniochus diphreutes*
Breitbandwimpelfisch – Broadbanded bannerfish – *Heniochus pleurotaenia*

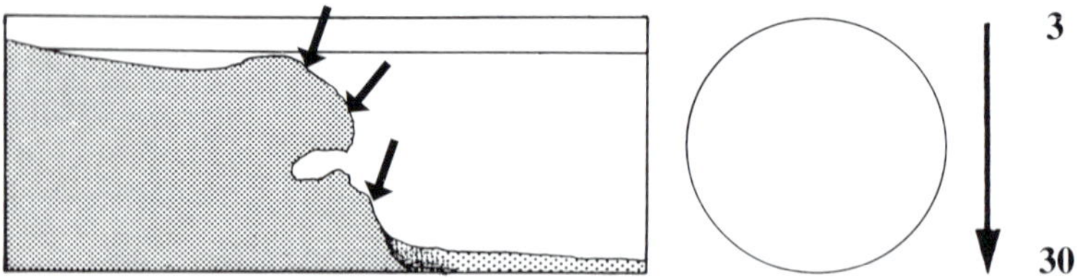

Der Eckige Wimpelfisch zieht in Schwärmen dicht über die Riffhänge. Er ernährt sich von Zooplankton. Diese Art hat ein riesiges Verbreitungsgebiet, das vom Roten Meer über die Malediven und Westaustralien bis nach Hawaii reicht.

Shoals of pennant bannerfish cruise along the top of the reef slopes feeding on zooplankton. This species is to be founds throughout a vast area extending from the Red Sea to the Maldives, Western Australia and Hawaii.

Maskenwimpelfisch – Bannerfish – *Heniochus monoceros*

Eckiger Wimpelfisch – Pennant bannerfish – *Heniochus diphreutes*

Breitbandwimpelfisch – Broadbanded bannerfish – *Heniochus pleurotaenia*

FALTERFISCHE BUTTERFLY FISH CHAETODONTIDAE

Röhrenmaul-Pinzettfisch – Long-nosed butterfly fish – ***Forcipiger longirostris***
Gelber Pinzettfisch – Yellow butterfly fish – ***Forcipiger flavissimus***

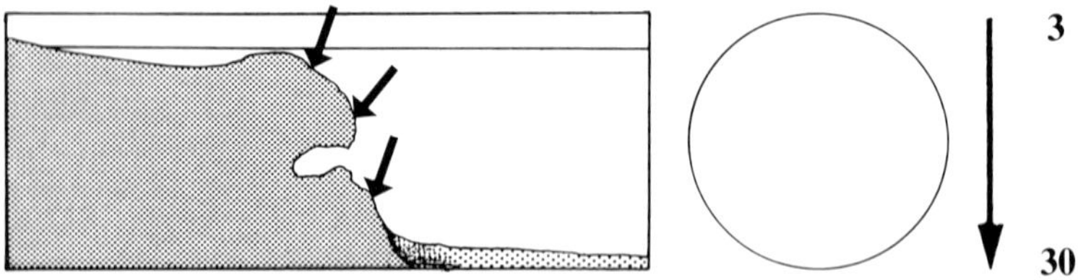

Diese beiden Arten sehen sich täuschend ähnlich: Man muß schon ganz genau hinsehen, um den Unterschied in der Länge der fein ausgezogenen Schnauzen zu erkennen. Mit ihren langen Schnauzen haben die Pinzettfische das Monopol für eine Nahrungsquelle, an die andere Arten nicht heran können: engste Spalten und die schmalen Zwischenräume zwischen den Ästen von Korallen.
Forcipiger flavissimus wird bis zu 16 Zentimeter lang. Diese Art hat von allen Falterfischen das größte Verbreitungsgebiet: Es reicht von der Ostküste Afrikas bis zur Westküste Amerikas.

These two species are almost identical: only by looking closely can one detect the difference between them, i. e. the lengths of their long, slender noses. With its elongated snout the long-nosed butterfly fish can get at food in the narrowest of cracks and crevices in between branches of coral that other species cannot reach.
Forcipiger flavissimus reaches a size of 16 cm. It is the most widespread of all the butterfly fish, living in an area reaching from the east coast of Africa to the west coast of America.

Röhrenmaul-Pinzettfisch – Long-nosed butterfly fish – *Forcipiger longirostris*

Gelber Pinzettfisch – Yellow butterfly fish – *Forcipiger flavissimus*

FALTERFISCHE BUTTERFLY FISH CHAETODONTIDAE

Schwarzpyramiden-Falterfisch – Black pyramid butterfly fish – ***Hemitaurichthys zoster***

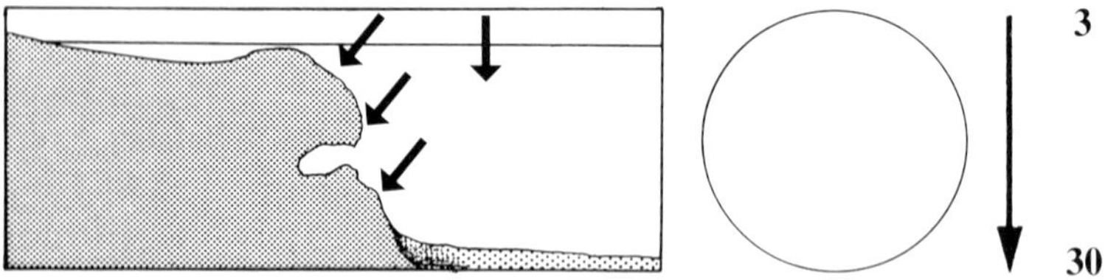

Der Schwarzpyramiden-Falterfisch zieht in Gruppen durch die Korallenriffe. Dicht über den Riffhängen stehend, ernährt er sich von Zooplankton. Bei Gefahr sucht er im Korallenriff Zuflucht. Diese Art wird 18 Zentimeter groß und kommt nur im westlichen Indischen Ozean vor.

This fish swims in groups along the coral reef; it drifts over the slopes feeding on zooplankton. When it senses danger it seeks refuge within the reef. Black pyramid butterfly fish grow to a size of 18 cm and occur only in the western Indian Ocean.

HALFTERFISCHE MOORISH IDOL ZANCLIDAE

Halfterfisch – Moorish idol – ***Zanclus canescens***

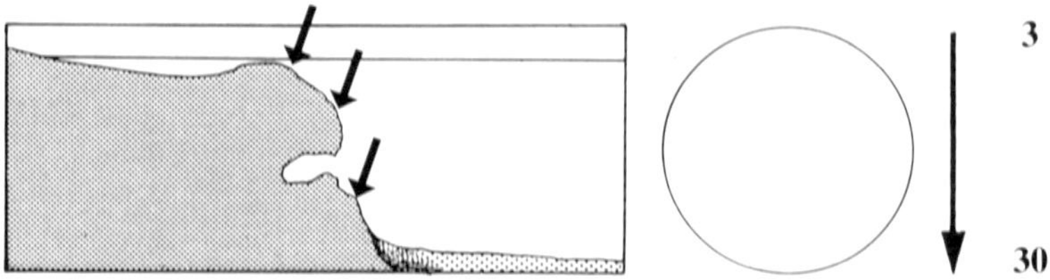

Wahrscheinlich ist der Halfterfisch eng mit den Doktorfischen verwandt. Er wird bis zu 22 Zentimeter lang. Diese Art hat ein riesiges Verbreitungsgebiet: von der Ostküste Afrikas bis zur amerikanischen Pazifikküste.

Widespread from the east coast of Africa to the American Pacific coast, the moorish idol is probably closely related to the surgeonfish and reaches a length of 22 cm.

Schwarzpyramiden-Falterfisch – Black pyramid butterfly fish – *Hemitaurichthys zoster*

Halfterfisch – Moorish idol – *Zanclus canescens*

KAISERFISCHE ANGELFISH POMACANTHIDAE

Diademkaiserfisch – Blue-faced angelfish – *Pomacanthus xanthometopon*
Imperatorkaiserfisch – Emperor angelfish – *Pomacanthus imperator*

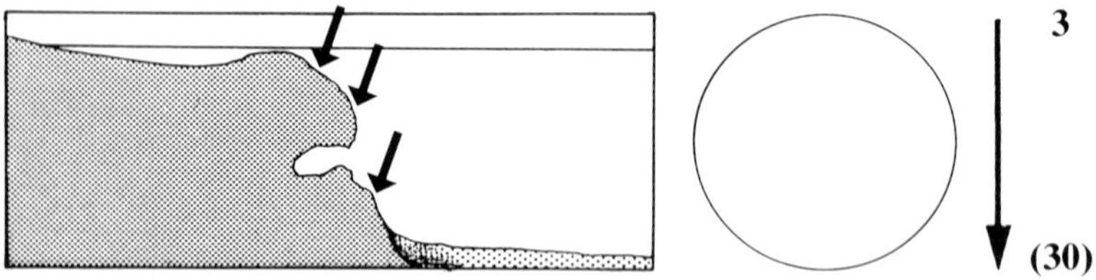

Früher wurden die Kaiserfische mit den Falterfischen zusammen in eine Familie eingeordnet. Doch trotz einiger Ähnlichkeiten unterscheiden sich die Kaiser- und die Falterfische im Körperbau so beträchtlich, daß beide heute eigenständige Familien bilden. Zu den Kaiserfischen zählen fast 80 Arten aus sieben Gattungen. Sie fressen Algen, Schwämme und verschiedene kleine Wirbellose.
Juvenile Kaiserfische der Gattung *Pomacanthus* unterscheiden sich in Körperzeichnung und -färbung markant von den adulten Fischen. Der Imperatorkaiserfisch wird bis zu 40 Zentimeter lang.

Angelfish and butterfly fish used to be classed as one family. However, in spite of some similarities the anatomical differences between angelfish and butterfly fish are so considerable that nowadays they form separate families. There are almost 80 different species of angelfish in seven genera; they feed on algae, sponges and various small invertebrates. Juvenile angelfish of the genus *Pomacanthus* have very different markings and colouring from adult fish. The emperor angelfish reaches a length of 40 cm.

Diademkaiserfisch – Blue-faced angelfish – *Pomacanthux xanthometopon*

Imperatorkaiserfisch – Emperor angelfish – *Pomacanthus imperator*

KAISERFISCHE ANGELFISH POMACANTHIDAE

Gelbschwanz-Kaiserfisch – Yellowtail angelfish – ***Apolemichthys xanthurus***
Pfauenkaiserfisch – Royal angelfish – ***Pygoplites diacanthus***

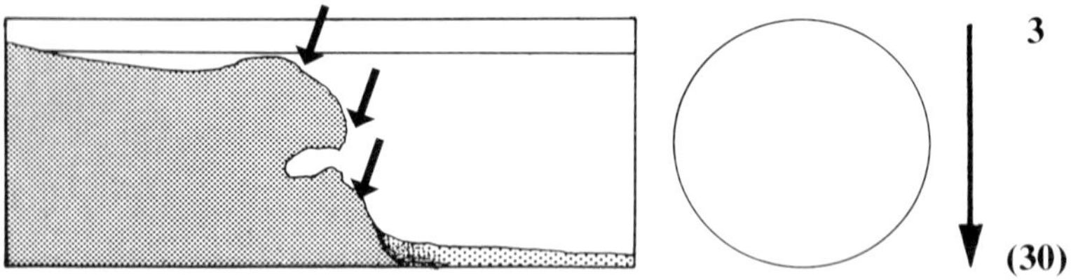

Typisch für die Kaiserfische sind der kurze, hohe Kopf und der hochrückige Körper. Ihr Verbreitungsgebiet ist auf die Warmwassergebiete der tropischen Meere beschränkt.
Der Pfauenkaiserfisch ist relativ selten. Die Tiere leben als Einzelgänger im Riff und verteidigen ihr Territorium gegen Artgenossen. Das Verbreitungsgebiet des Pfauenkaiserfisches erstreckt sich vom Roten Meer und der Küste Ostafrikas bis weit in den westlichen Pazifik.

Angelfish are only to be found in the warm seas of the tropics. Short, steep heads and high-backed bodies are typical for the species.
Royal angelfish are quite rare. They live on their own and will defend their territory from other fish of the same species. They live throughout an area reaching from the Red Sea and the East African coast to the western Pacific.

Gelbschwanz-Kaiserfisch – Yellowtail angelfish – *Apolemichthys xanthurus*

Pfauenkaiserfisch – Royal angelfish – *Pygoplites diacanthus*

DOKTORFISCHE SURGEONFISH ACANTHURIDAE

Weißkehl-Doktorfisch – Blue surgeonfish – *Acanthurus leucosternon*
Blaubinden-Doktorfisch – Blue-lined surgeonfish – *Acanthurus lineatus*

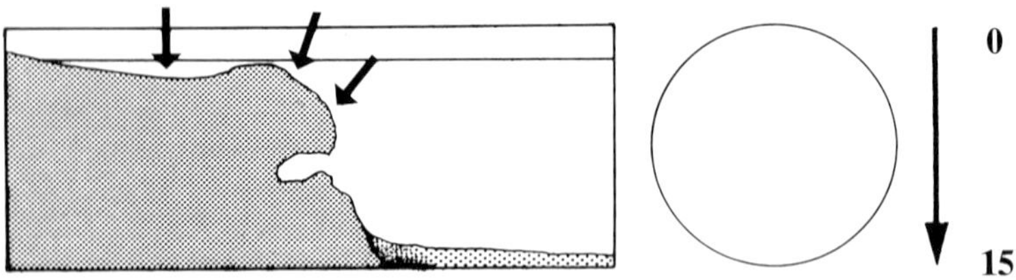

Doktorfische sind sehr wehrhafte Tiere. Sie verdanken ihren Namen scharfen „Skalpellen", die auf der Schwanzbasis liegen. Diese Waffe setzen die Doktorfische gezielt zu ihrer Verteidigung ein: Fühlen sie sich bedroht, so schlagen sie mit diesen Messern zu! Manche Arten haben nur ein Messer auf jeder Körperseite, andere Arten zwei.
Bei den Arten der Gattung *Acanthurus* ist das Skalpell mit einem Gelenk am Schwanzstiel befestigt und kann wie ein Klappmesser abgespreizt werden. Bei anderen Arten sind die Skalpelle in ausgeklappter Position fixiert.

Surgeonfish are highly combative and get their name from the sharp "scalpels" that lie at the base of their tails. The surgeonfish uses this weapon in self-defence; when it feels threatened it will strike out with these "knives". Some species have only one knife on each side, others have two. The species of the genus *Acanthurus* have the scalpel attached to the base of the tail by a joint, so that it can be pointed outwards like a penknife. Other species have their scalpels permanently fixed in an open position.

Weißkehl-Doktorfisch – Blue surgeonfish – *Acanthurus leucosternon*

Blaubinden-Doktorfisch – Blue-lined surgeonfish – *Acanthurus lineatus*

DOKTORFISCHE SURGEONFISH ACANTHURIDAE

Streifen-Doktorfisch – Convict surgeonfish – *Acanthurus triostegus*

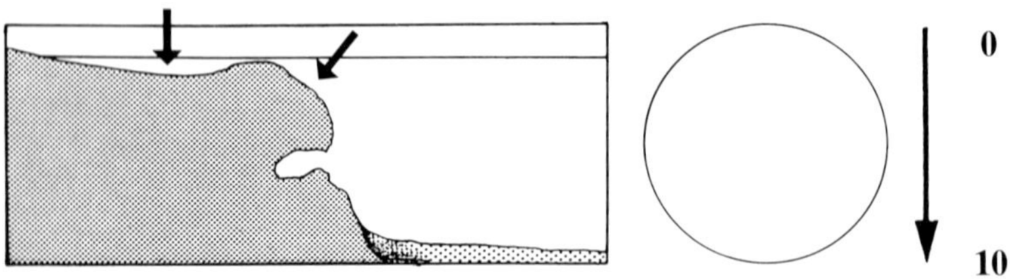

Streifen-Doktorfische ziehen manchmal in riesigen Schwärmen durch das Riff. Sie grasen den Algenteppich ab. Gegen eine solche Übermacht haben die kleinen Riffbarsche bei der Verteidigung der Algenflächen in ihrem Territorium keine Chance.

Convict surgeonfish sometimes cruise along the reef in huge shoals, grazing upon carpets of algae. Faced by such numbers the small damselfish have no chance of defending the algae within their territory.

Epauletten-Doktorfisch – Epaulette surgeonfish – *Acanthurus nigricauda*

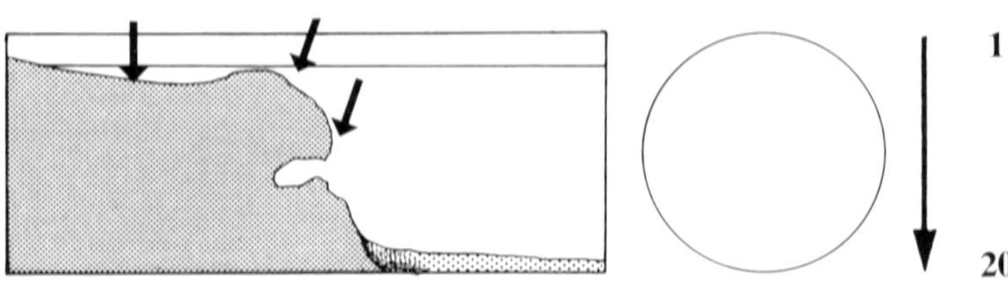

Der Epauletten-Doktorfisch wird bis zu 40 Zentimeter groß. Er hält sich gewöhnlich in den geschützten Riffabschnitten auf, in der Riff-Lagune oder in kleinen, flachen Buchten, an isoliert stehenden Korallenblöcken auf sandigem Grund. Er ist im Indo-Pazifik weit verbreitet, fehlt aber im Roten Meer.

Epaulette surgeonfish grow to a size of 40 cm and are usually to be found in sheltered parts of the reef, in the reef lagoon or in small shallow inlets around isolated blocks of coral on sandy bottom. They are widely distributed in the Indo-Pacific Ocean but not in the Red Sea.

Streifen-Doktorfisch – Convict surgeonfish – *Acanthurus triostegus*

Epauletten-Doktorfisch – Epaulette surgeonfish – *Acanthurus nigricauda*

DOKTORFISCHE SURGEONFISH ACANTHURIDAE

Tüpfeldoktorfisch – Spotted surgeonfish – *Ctenochaetus strigosus*
Brauner Segelflossendoktor – Brown sailfin surgeonfish – *Zebrasoma veliferum*

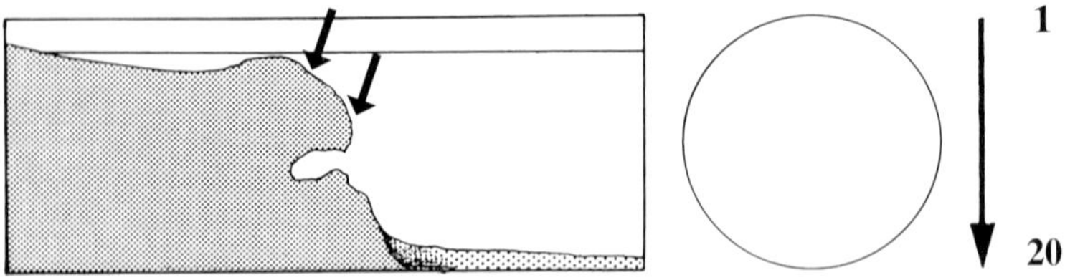

Der Tüpfeldoktorfisch wird maximal 18 Zentimeter groß. Eine nicht besonders häufige Art, die im Indo-Pazifik weit verbreitet ist. Der Braune Segelflossendoktor hat große Rücken- und Afterflossen. Stellt er diese auf, erreicht er eine imposante Körpergröße. Wie die anderen Arten der Familie sind auch die Tüpfel- und die Segelflossendoktorfische tagaktiv und suchen sich bei Einbruch der Dunkelheit in den Höhlen und Spalten des Korallenriffs einen möglichst sicheren Schlafplatz. Auch die Gattungen *Ctenochaetus* und *Zebrasoma* haben ausklappbare Skalpelle, wie auf Seite 128 beschrieben.

The spotted surgeonfish grows no larger than 18 cm it is not a particularly common species, though widely distributed in the Indo-Pacific Ocean. The brown sailfin surgeonfish has large dorsal and anal fins; when it erects them it reaches an imposing size.
Like the other species of this family spotted and brown sailfin surgeonfish are active during the day, and at nightfall look for as safe a sleeping place as possible in the holes and crevices of the coral reef. Both the genera *Ctenochaetus* and *Zebrasoma* have moveable scalpels as described on page 128.

Tüpfeldoktorfisch – Spotted surgeonfish – *Ctenochaetus strigosus*

Brauner Segelflossendoktor – Brown sailfin surgeonfish – *Zebrasoma veliferum*

DOKTORFISCHE SURGEONFISH ACANTHURIDAE

Nashornfisch – Spotted unicornfish – *Naso brevirostris*
Maskendoktorfisch – Vlaming's unicornfish – *Naso vlamingi*
Schlanker Doktorfisch – Oneknife unicornfish – *Naso thynnoides*

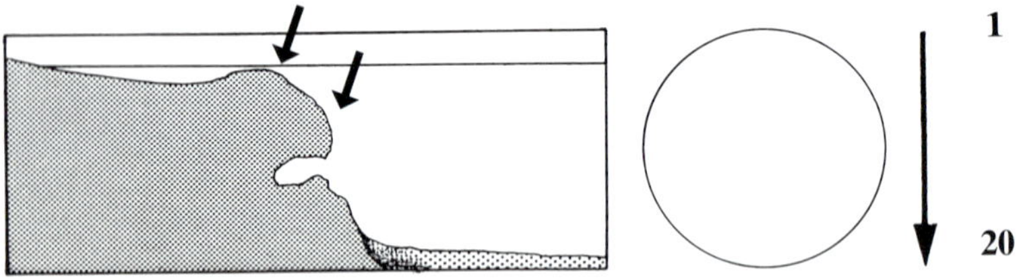

Das auffallende Horn über dem Maul des Nashornfisches wird mit zunehmendem Alter immer länger. Jungtiere und subadulte Fische haben nur kurze „Nasen". Der Maskendoktorfisch kann in Sekundenschnelle seine Körperfärbung stark verändern. Das große Bild zeigt ihn in Balzstimmung.

The prominent horn above the mouth of the spotted unicornfish grows larger with age; juvenile and subadult fish only have short "noses". Vlaming's unicornfish can change its colour radically within seconds: the large photo shows one in its mating display.

Nashornfisch – Spotted unicornfish – *Naso brevirostris*

Maskendoktorfisch – Vlaming's unicornfish – *Naso vlamingi*

Schlanker Doktorfisch – Oneknife unicornfish – *Naso thynnoides*

BLENNIIDEN BLENNIES BLENNIIDAE

Den häßlichen deutschen Namen „Schleimfische" haben die Blenniiden nicht verdient. Es sind kleine, bodenlebende Arten, die sich durch große Neugier auszeichnen. In Anpassung an das Bodenleben sind die Augen weit nach vorne oben gerückt und können unabhängig voneinander bewegt werden. Die Männchen (und bei vielen Arten auch die Weibchen) bewohnen Löcher im Riff. Bei Gefahr flüchten sie da hinein, schauen aber gleich wieder mit dem Kopf heraus. Die Männchen balzen vorbeikommende Weibchen an, indem sie den Kopf aus der Höhle strecken und dem Weibchen heftig zunicken. Die Eier werden vom Weibchen in die Höhle des Männchens gelegt und vom Männchen bewacht.

Blennies do not deserve the ugly German name of "slime fish". They are small inquisitive bottom-dwelling fish. As an adaptation to life on the sea floor their eyes are placed well forward at the top of their heads and can be moved independently of each other. The males (and with many species the females as well) live in holes in the reef, darting into them when they feel threatened but looking out again immediately. The males' mating display consists of their poking their heads out their holes and nodding at passing females. The female lays its eggs in the male's cave for him to take care of.

Goldener Ecsenius – Golden ecsenius – *Ecsenius midas*
Längsgestreifter Ecsenius – Striped ecsenius – *Ecsenius lineatus*

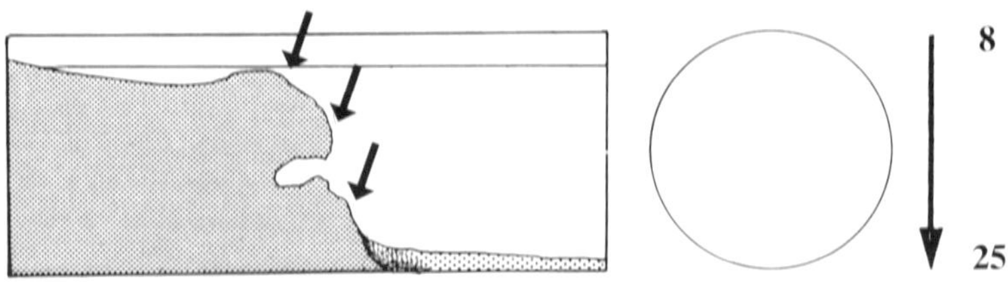

Ecsenius-Arten werden häufig als Aquarienfische gehalten. Die 46 Arten dieser Gattung leben alle an Korallenriffen im Indopazifik. Der Goldene Ecsenius schwimmt gerne in Gruppen von Fahnenbarschen (Seite 60).
Den Zwerg-Ecsenius (übernächste Seite) gibt es nur bei den Malediven; dort ist er die häufigste Blenniidenart im Korallenriff.

Ecsenius species are frequently kept as aquarium fish. The 46 species of this genus all live in coral reefs in the Indo-Pacific Ocean. The golden ecsenius likes to swim with groups of Anthias (page 60).
The minute ecsenius (page 138) is only to be found in the Maldives, where it is the most common blenny species in the coral reef.

Goldener Ecsenius – Golden ecsenius – *Ecsenius midas*

Längsgestreifter Ecsenius – Striped ecsenius – *Ecsenius lineatus*

BLENNIIDEN BLENNIES BLENNIIDAE

Zwerg-Ecsenius – Minute ecsenius – *Ecsenius minutus*
Zweifarben-Ecsenius – Twocoloured ecsenius – *Ecsenius bicolor*
Flossenbeißer – Twostriped blenny – *Plagiotremus rhinorhynchus*

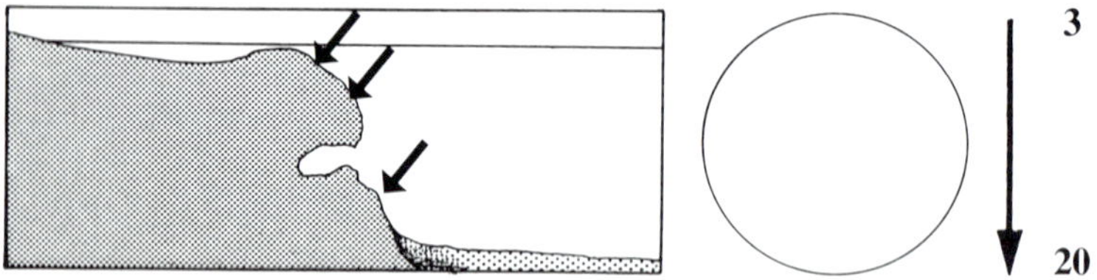

Im Gegensatz zu den anderen vorgestellten Blenniiden, die Algen von den Korallen und Felsen raspeln, hat der Flossenbeißer eine ganz andere Ernährungsweise: Er stürzt sich auf andere Fische und stanzt ihnen ein kleines Stück aus einer Flosse oder aus der Haut!

Most of the blenny species introduced here scrape algae off corals and rocks. The two-striped blenny however has quite a different method of feeding: it darts at other fish and nips a small piece out of their fin or skin!

Zwerg-Ecsenius – Minute ecsenius – *Ecsenius minutus*

Zweifarben-Ecsenius – Twocoloured ecsenius – *Ecsenius bicolor*

Flossenbeißer – Twostriped blenny – *Plagiotremus rhinorhynchus*

DREIFLOSSEN-BLENNIIDEN TRIPLEFIN BLENNIES TRIPTERYGIIDAE

Malediven-Dreiflosser – Maldive triplefin blenny – *Helcogramma maldivensis*

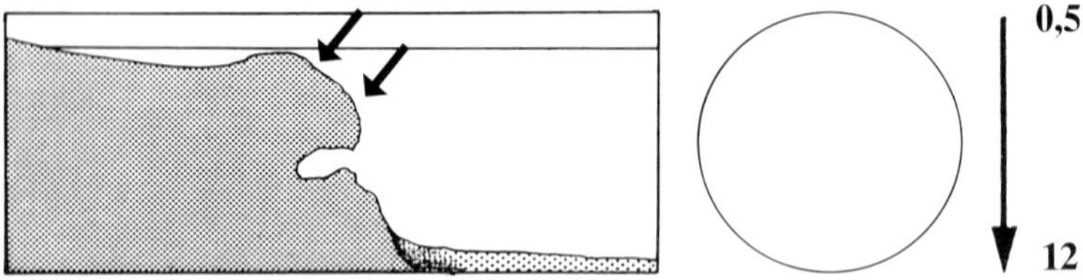

Wegen der bulligen Körperform könnte man diese nur 3 cm große Art leicht mit einer Grundel verwechseln, aber sie hat drei Rückenflossen. Im Gegensatz zu den Blenniiden, die schuppenlos sind, haben die Dreiflossen-Blenniiden winzige Schuppen. Es sind mehr als 70 Arten aus dem Indo-Pazifik bekannt. Man findet sie häufig auch schon im ganz flachen Wasser auf leicht überhängenden Flächen. Auch bei ihnen werden die Eier vom Weibchen in das Territorium des Männchens gelegt und vom Männchen bewacht. Der Malediven-Dreiflosser ist eine für die Malediven „endemische Art", d. h., es gibt ihn nur bei den Malediven: Dort ist er bei weitem die häufigste Art aus der Familie der Dreiflossen-Blenniiden. Den Weibchen dieser Art fehlen die auffallenden weißen Punkte und Streifen; das Foto zeigt also ein Männchen.

With its rather compact body only 3 cm in size this species can easily be taken for a goby, but it has three dorsal fins. Triplefin blennies (Tripterygiidae) have tiny scales whereas blennies (Blenniidae) have none. In the Indo-Pacific Ocean more than 70 species are known. They are frequently to be seen in very shallow water on slightly overhanging spots. The female of the species lays its eggs in the territory of the male, who looks after them. The Maldive triplefin blenny is an "endemic species" for the Maldives, i. e. it occurs only at the Maldive Islands, where it is by for the most common species of the family. The photo shows a male. Females lock the male's brilliant white spots and stripes.

Malediven-Dreiflosser – Maldive triplefin blenny – *Helcogramma maldivensis*

PFEILGRUNDELN DART FISHES MICRODESMIDAE

Schwarzschwanz-Torpedogrundel – Scissortail-torpedo goby – *Ptereleotris evides*

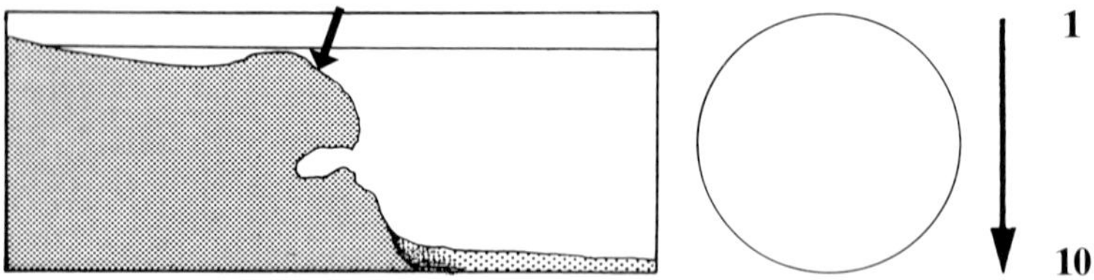

Die Arten der Gattung *Ptereleotris* werden auch als Torpedogrundeln bezeichnet. Mit ihrem schlanken, torpedoähnlichen Körper schwimmen sie im freien Wasser über dem Riffhang. Bei Gefahr flüchten sie blitzschnell in ihr Versteck, meist selbstgegrabene Höhlen im Boden. Die Schwarzschwanz-Torpedogrundel schwimmt fast immer paarweise.

Species of the genus *Ptereleotris* are also known as torpedo gobies. They have slender torpedo-shaped bodies and swim around in the open water above the reef slope. When in danger they make a dash for their hiding-places, usually holes which they have made for themselves on the bottom. Scissortail-torpedo gobies almost always swim in pairs.

Feuer-Schwertgrundel – Fire goby – *Nemateleotris magnifica*

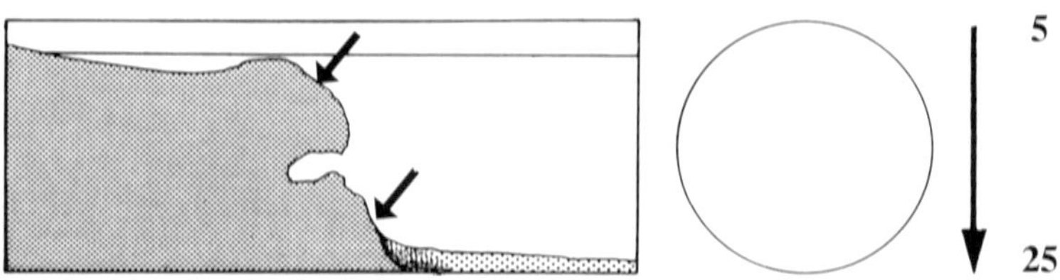

Diese herrlich gefärbten kleinen Schwertgrundeln sind auch bei den Malediven gar nicht selten. Auf dem sandigen Grund zwischen den großen Korallenformationen haben sie ihre Wohnröhren. Normalerweise stehen sie paarweise (Jungtiere auch in Gruppen) dicht über dem Boden. Bei der geringsten Gefahr flüchten sie sofort in ihr Versteck.

These wonderfully coloured little gobies are quite common around the Maldives. They live in holes in the sandy bottom between large coral formations. Normally they are to be found in pairs (Juvenile fish also in groups) floating just above the bottom; at the slightest hint of danger they dart immediately into their hiding-places.

Schwarzschwanz-Torpedogrundel – Scissortail-torpedo goby – *Ptereleotris evides*

Feuer-Schwertgrundel – Fire goby – *Nemateleotris magnifica*

GRUNDELN GOBIES GOBIIDAE

Sechspunkt-Grundel – Sixspot goby – *Valenciennea sexguttata*
Steinitz' Partnergrundel – Steinitz' goby – *Amblyeleotris steinitzi*

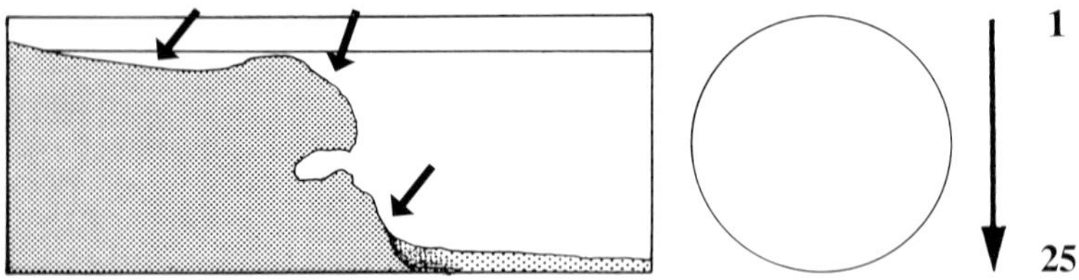

Beide auf dieser Seite gezeigten Grundelarten sind auf den Sandflächen zwischen den Korallenblöcken recht häufig, selbst im ganz flachen Wasser. Bei Gefahr ziehen sie sich sofort in ihre Wohnröhre im Sandgrund zurück. Verschiedene Grundel-Arten aus mehreren Gattungen leben in fester Partnerschaft mit kleinen, fast blinden Garnelen *(Alpheidae)*. Während die Grundel direkt vor der gemeinsamen Wohnröhre ständig Wache hält, räumt der Krebs unermüdlich den lockeren Sand weg, der die enge Wohnröhre zu verstopfen droht. Dabei hält der Krebs mit einer seiner langen Antennen ständig Körperkontakt zu der Grundel. Diese signalisiert ihm durch ihre Körpersprache „Die Luft ist rein" oder „Gefahr im Verzug".

Both goby species depicted on this page are quite common on the sandy patches between blocks of coral, even in very shallow water. When in danger they retire immediately into their holes in the sandy bottom. Various goby species of several genera live in close partnership with small, almost blind crustaceans *(Alpheidae)*. Whilst the goby stands guard immediately in front of their dwelling hole, the crab tirelessly clears away the loose sand which otherwise would block up the narrow hole. With its long antennae the crab stays in body contact with the goby, which relays back to it in body language an "all clear" or "warning".

Sechspunkt-Grundel – Sixspot goby – *Valenciennea sexguttata*

Steinitz' Partnergrundel – Steinitz' goby – *Amblyeleotris steinitzi*

FEILENFISCHE FILEFISH MONACANTHIDAE

Großer Feilenfisch – Broomtail filefish – ***Aluterus scriptus***
Gelbpunkt-Einstachler – Yellowspot filefish – ***Oxymonacanthus longirostris***

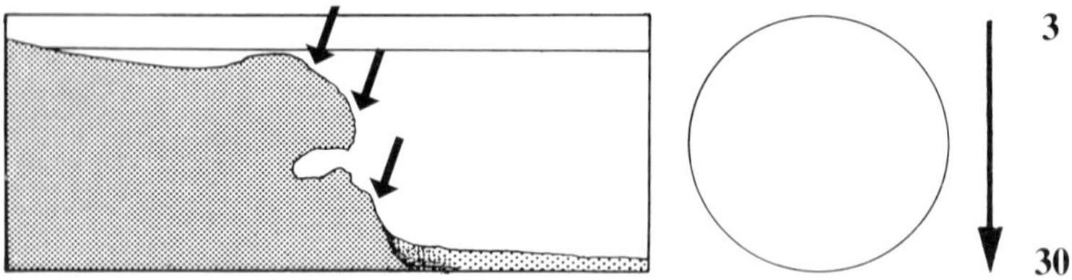

Feilenfische sind eng verwandt mit den Drückerfischen. Charakteristisch für die verschiedenen Arten dieser Familie ist der große erste Flossenstrahl der ersten Rückenflosse. Diesen können die Feilenfische willkürlich aufstellen und mit einem raffinierten Einrast-Mechanismus durch den zweiten, winzigen Flossenstrahl der ersten Rückenflosse in aufgestellter Position stabilisieren.
Der Große Feilenfisch erreicht eine Körperlänge von einem Meter. Er ist weltweit in tropischen und subtropischen Meeresgebieten verbreitet, sowohl im Atlantik als auch im Indo-Pazifik. Bei den Malediven nicht häufig. Der Gelbpunkt-Einstachler wird gerade 10 Zentimeter lang. Dieser im Korallengeäst gut getarnte „Winzling" ernährt sich von Korallenpolypen.

Filefish are closely related to triggerfish. The characteristic feature of the various species of this family is the large front spine of the first dorsal fin. A filefish can erect its front spine at will and, using an ingenious locking mechanism, with the tiny second spine fix it in an upright position.
Broomtail filefish grow to a length of one metre and are widespread in tropical and subtropical waters, both in the Atlantic and in the Indo-Pacific Ocean. However, they are not very common in the Maldives. The yellowspot filefish only reaches a length of 10 cm. This "dwarf" is well camouflaged for life amongst coral branches and feeds on coral polyps.

Großer Feilenfisch – Broomtail filefish – *Aluterus scriptus*

Gelbpunkt-Einstachler – Yellowspot filefish – *Oxymonacanthus longirostris*

DRÜCKERFISCHE TRIGGERFISH BALISTIDAE

Riesendrücker – Titan trigger – *Balistoides viridescens*
Leopardendrücker – Clown triggerfish – *Balistoides conspicillum*

Die Riesendrücker gehören zu den wenigen Fischen des Korallenriffs, die Schnorchlern und Tauchern gefährlich werden können. Während der Fortpflanzungszeit, wenn die Riesendrücker im Korallenschutt große Laichgruben anlegen, sind sie besonders aggressiv und greifen selbst aus größerer Entfernung entschlossen jeden an, der ihr Gebiet kreuzt, sogar Schnorchler an der Oberfläche. Vor dem kräftigen Gebiß dieser großen Drückerfische sollte man sich in acht nehmen! Das Foto zeigt ein Weibchen, das sein Gelege bewacht und durch Flossenfächeln die Eier ständig mit frischem Wasser versorgt: Brutpflege im Riff. Während der Riesendrücker bis zu 75 Zentimeter lang wird, erreicht der auffällig gefärbte Leopardendrücker eine Körpergröße von 50 Zentimetern.
Auch die Drückerfische können den ersten, besonders kräftigen Rückenflossenstrahl in senkrecht aufgeklappter Stellung fixieren (wie bei den Feilenfischen auf Seite 146 beschrieben). Das kleine Foto zeigt einen juvenilen Leopardendrücker.

The titan triggerfish is one of the few fish of the coral reef which can become dangerous to snocklers and divers. During the breeding period, when preparing a spawning ground amongst loose pieces of coral, the titan triggerfish is particularly aggressive and will attack, even from some distance, anyone who infringes upon its territory – including snorklers on the water surface. One should beware of the powerful bite of these large triggerfish! The photo shows a female guarding its eggs; with fan-like movements of its fins it keeps them continuously supplied with fresh water. Whereas the titan triggerfish reaches a length of 75 cm the brightly coloured clown triggerfish grows to a size of 50 cm.
Triggerfish can lock their particularly strong front dorsal fin spine in an upright position (as described with the filefish on page 146). The small picture shows a juvenile Clown Triggerfish.

Riesendrücker – Titan trigger – *Balistoides viridescens*

Leopardendrücker – Clown triggerfish – *Balistoides conspicillum*

DRÜCKERFISCHE TRIGGERFISH BALISTIDAE

Picasso-Drücker – Picasso-triggerfish – *Rhinecanthus aculeatus*
Gelbschwanzdrücker – Orange-striped triggerfish – *Balistapus undulatus*

Der prächtig gefärbte Picasso-Drücker ist im Bereich der Malediven vor allem über Sandgrund anzutreffen. Die Tiere bewohnen paarweise Höhlen unter dem Korallenschutt. In dieses Versteck ziehen sie sich nachts und bei Gefahr auch tagsüber zurück.
Wie der Picasso-Drücker, so ernährt sich auch der Gelbschwanzdrücker von sehr unterschiedlicher Beute. In den Mägen gefangener Fische fand man zahlreiche kleine Korallenstücke, Grünalgen, kalkhaltige Rotalgen, Seescheiden, Krebse, Seeigel, Schwämme, Massen von Fischeiern, Borstenwürmer, Muscheln und Schnecken.

In the Maldives the magnificently coloured picasso triggerfish is mainly to be found above the sandy bottom. The fish live in pairs in holes beneath loose coral waste. They withdraw into their refuge when they feel endangered and at night. Both picasso triggerfish and orange-striped triggerfish have very varied sources of nourishment. The stomach contents of caught fish included numerous small pieces of coral, green algae, calcareous red algae, crabs, sea urchins, sponges, masses of fish spawn, sea squirts and bristle worms.

Picasso-Drücker – Picasso-triggerfish – *Rhinecanthus aculeatus*

Gelbschwanzdrücker – Orange-striped triggerfish – *Balistapus undulatus*

DRÜCKERFISCHE TRIGGERFISH BALISTIDAE

Indischer Drücker – Indian triggerfish – *Melichthys indicus*

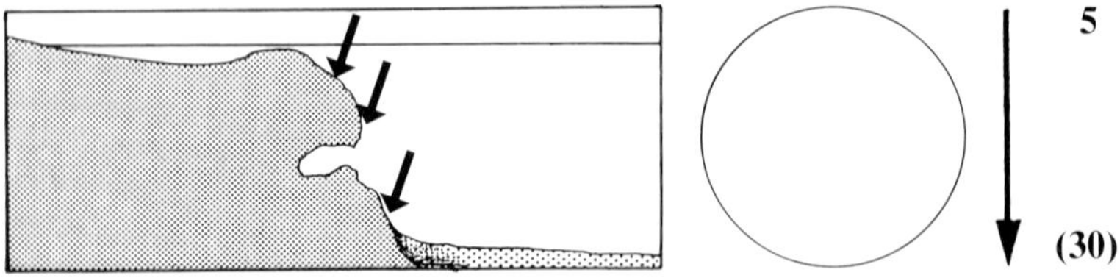

Dieser bis zu 25 Zentimeter lange Drückerfisch ist im ganzen tropischen Indischen Ozean weit verbreitet, vom Süden des Roten Meeres bis zum Westrand der Indo-Australischen Inselbrücke.

This species grows to a length of 25 cm and is widely distributed in the entire tropical Indian Ocean, from the southern part of the Red Sea to the western edge of the Indo-Australian island chain.

Rotzahn-Drücker – Redtooth triggerfish – *Odonus niger*

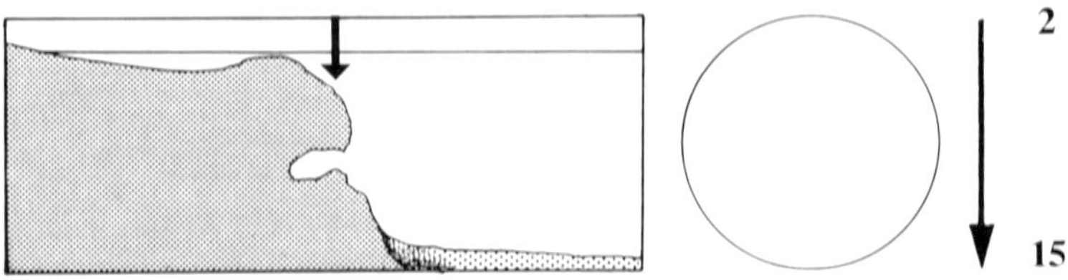

Der Rotzahn-Drücker gehört, wie die anderen Drücker auch, zu den tagaktiven Fischen. In großen Gruppen schwimmen sie dicht über dem Riffhang im freien Wasser und fressen hauptsächlich Zooplankton. Nachts findet man sie in engen Riffspalten, aus denen meist nur noch die Spitzen ihrer lang ausgezogenen Schwanzflossen herausschauen (großes Foto).

Like other triggerfish redtooth triggerfish are active during the day, swimming in large groups in the open water immediately above the reef slope and feeding mainly on zooplankton. At night they are to be found in narrow crevices in the reef, usually with only the tips of their elongated caudal fins showing (large photo).

Indischer Drücker – Indian triggerfish – *Melichthys indicus*

Rotzahn-Drücker – Redtooth triggerfish – *Odonus niger*

BUTTE — LEFT-EYE FLOUNDERS — BOTHIDAE

Leoparden-Butt – Leopard flounder – *Bothus pantherinus*

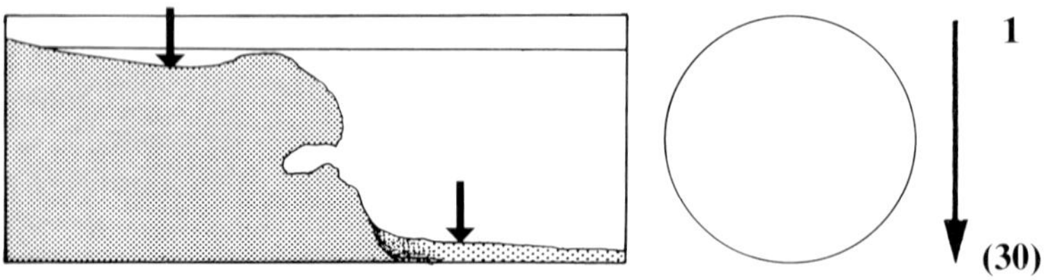

Die ausgezeichnet getarnten, bis 25 Zentimeter großen Butte sind auf sandigem Grund auch im ganz flachen Wasser häufig. Die auf der Oberseite liegende Brustflosse hat stark verlängerte Flossenstrahlen. Butte sind geschickte Räuber, die dicht über dem Sandboden kleine Fische jagen.

These well-camouflaged flounders are quite common on the sandy bottom even in very shallow water; they reach a size of 25 cm. The pectoral fin on the upper side of the body has very long rays. Flounders are skilled predators and hunt small fish above the sandy bottom.

KOFFERFISCHE — BOXFISH — OSTRACIIDAE

Weißgefleckter Kofferfisch – White-spotted boxfish – *Ostracion meleagris*

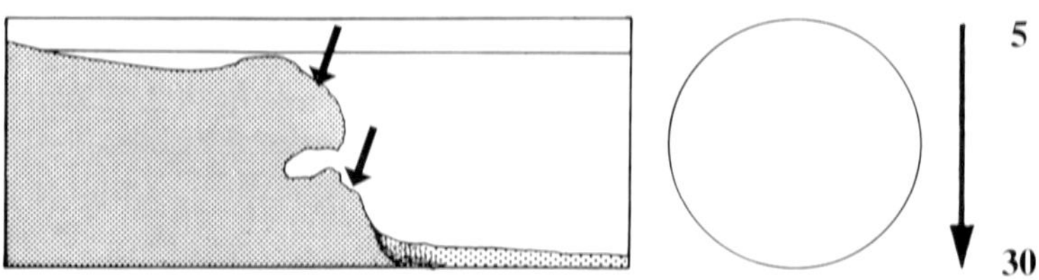

Die bis zu 25 Zentimeter großen Weißgefleckten Kofferfische haben ein riesiges Verbreitungsgebiet, das von der Ostküste Afrikas bis zur Westküste von Mexiko reicht. Auf Grund von Magenuntersuchungen ist anzunehmen, daß sich diese Art vor allem von Schwämmen ernährt.

The white-spotted boxfish grows to a size of 25 cm and is widely distributed throughout a vast area ranging from the east coast of Africa to the west coast of Mexico. Analyses of its stomach contents suggest that this species feeds mostly upon sponges.

Leoparden-Butt – Leopard flounder – *Bothus pantherinus*

Weißgefleckter Kofferfisch – White-spotted boxfish – *Ostracion meleagris*

KOFFERFISCHE BOXFISH OSTRACIIDAE

Eckiger Kofferfisch – Cube boxfish – *Ostracion cubicus*

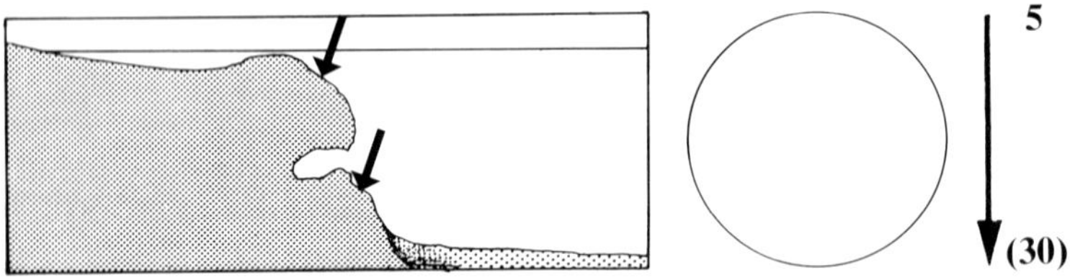

Die Jungtiere des Eckigen Kofferfisches sind leuchtend gelb gefärbt, wie das obere Foto zeigt. Ausgewachsen erreicht der Eckige Kofferfisch eine Körperlänge von 45 Zentimeter.
Diese Art ist ein typischer Allesfresser: Im Magen wurden Schwammreste, Kalkalgen und kleine Wirbellose (vor allem Krebse) gefunden. Der Eckige Kofferfisch ist im ganzen Info-Pazifik, einschließlich des Roten Meeres, weit verbreitet.

Young cube boxfish have a brilliant yellow colour, as shown in the upper photograph. When fully grown the cube boxfish reaches a length of 45 cm. It is a typical omnivore: its stomach include remains of sponges, calcareous algae and small invertebrates (mainly crabs).
The cube boxfish is widespread in the entire Indo-Pacific Ocean including the Red Sea.

Eckiger Kofferfisch – Cube boxfish – *Ostracion cubicus*

KUGELFISCHE PUFFERS TETRAODONTIDAE

Spitzkopf-Kugelfisch – Sharpnose puffer – *Canthigaster valentini*
Schwarzgetüpfelter Kugelfisch – Blackspotted puffer – *Arothron stellatus*
Weißgetüpfelter Kugelfisch – Guineafowl puffer – *Arothron meleagris*
Gepunkteter Kugelfisch – Spotted puffer – *Arothron nigropunctatus*

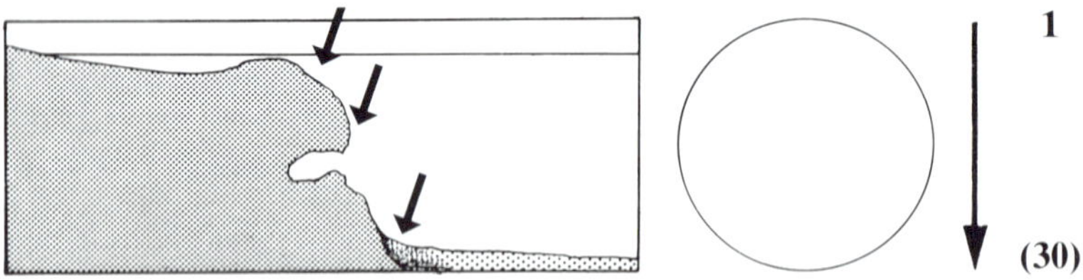

Kugelfische können ihren Körper vergrößern, wenn sie sich bedroht fühlen: Sie schlucken Wasser, bis sie sich zu einer Kugel aufgepumpt haben. Die Kugelfische speichern in ihrer Leber und den Ovarien das Tetradotoxin, einen hochwirksamen Giftstoff.
Puffers, also known as swellfish, can enlarge themselves when they feel threatened. They swallow water and inflate themselves until they become spherical. Puffers store tetradotoxine, a very potent poison, in their livers and ovaries.

Spitzkopf-Kugelfisch – Sharpnose puffer – *Canthigaster valentini*

Schwarzgetüpfelter Kugelfisch – Blackspotted puffer – *Arothron stellatus*
Gepunkteter Kugelfisch (l.) – Spotted puffer (l.) – *Arothron nigropunctatus* (l.)
Weißgetüpfelter Kugelfisch (r.) – Guineafowl puffer (r.) – *Arothron meleagris* (r.)

IGELFISCHE PORCUPINE FISH DIODONTIDAE

Igelfisch – Porcupine fish – *Diodon hystrix*
Igelfisch – Porcupine fish – *Diodon sp.*

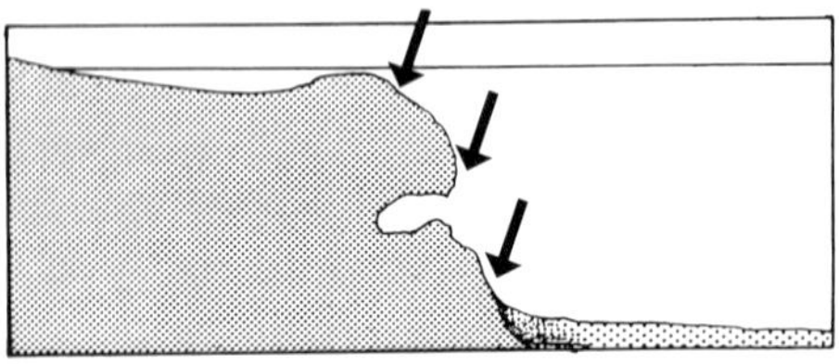

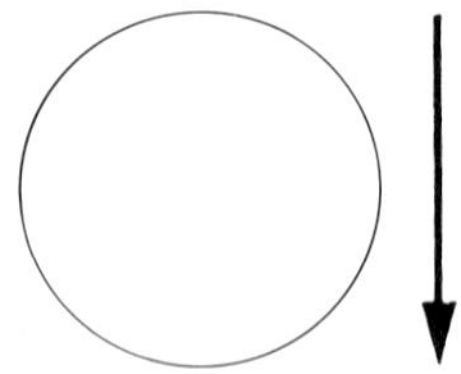

2

(30)

Die Igelfische bilden eine kleine Familie mit nur drei Gattungen. Sie leben ausschließlich in den Warmwassergebieten der tropischen Meere. Igelfische haben einen rundlichen Körper mit einem verhältnismäßig kleinen Kopf und engen Kiemenöffnungen. Mit den sehr kurzen, sich gegenüberliegenden Rücken- und Afterflossen und den Brustflossen schwimmen die äußerst wendigen Igelfische durch das Riff. Ihre feste Haut ist mit Stacheln übersät, die senkrecht von der Körperoberfläche abstehen, wenn der Igelfisch sich bei Gefahr aufpumpt. Ähnlich wie bei den nahe verwandten Kugelfischen ist auch bei den Igelfischen das Maul schnabelförmig und das Gebiß auf wenige kräftige Zähne reduziert.
Diodon hystrix wird bis zu 70 Zentimeter groß. Die Art ist weltweit verbreitet. Die Igelfische fressen Schnecken, Krabben, Einsiedlerkrebse und auch Seegurken.

Porcupine fish are a small family with only three genera; they live only in the warm waters of tropical seas. Porcupine fish have round bodies with relatively small heads and short gill slits. They have very short dorsal and anal fins placed opposite each other; using these and their pectoral fins they are able to swim with great agility around the reef. Their thick skin is covered with spines which project vertically out from the body when they feel threatened and inflate themselves. Like its close relative the puffer, the porcupine fish has beak-shaped jaws and a few very strong teeth.
Diodon hystrix grow to a size of 70 cm and is a widespread species. Porcupine fish eat snails, crustaceans, hermit crabs and sea cucumbers.

Igelfisch – Porcupine fish – *Diodon hystrix*

Igelfisch – Porcupine fish – *Diodon sp.*

INDEX DEUTSCH

INDEX ENGLISH

INDEX WISSENSCHAFTLICH

BILDNACHWEIS • PHOTO CREDIT

(oben/above = o., unten/below = u., i = insert)

Sigi Braun: Titel, 21, 23 u., 25 o., u., 27 o., u., 41 o., 55 o., 59 o., 66 u., 69, 81 o., 83 o., 97, 119 o., 161 u. **Brylla/IKAN:** 159 u.; **Helmut Corneli:** 29 u., 49 o., 51 o., 52 u., 55 u., 56 u., 71 u., 73 u., 81 u., 89 u., 119 u., 121 o., 125 o., 159 o., 161 o. **Debelius/IKAN:** 47 o., 60 u., 89 o., 95 u., 105 o. + u., 111 u-i, 113 u., 127 o., 129 u., 147 u., 157 o. **Helmut Göthel:** 101 o. + u. + u-i, 103 o. + u., 115 o., 151 o. **Kuiter/IKAN:** 104 u., 149 u-i **Horst Moosleitner:** 31, 32 u., 37 o., 45 u., 51 u., 63 u., 75 u., 78 u., 85 u., 99 o., 111 u., 115 u., 117 u., 131 o., 149 u. **Paul W. Munzinger:** 113 o., 117 o., 123 u., 127 u., 135 u.; **Peter Nahke:** 29 o., 33 u., 35 o., 39 u., 41 u., 41 u-i, 42 u., 43 o., 45 o., 53 o. + u., 57 u., 63 o., 67 u., 75 o., 77 o. + u. + u-i, 87 o-i + u. + u-i, 91 u., 93 o., 99 u., 104 u-i, 107 o. + u, 121 u., 129 o., 133 o., 134 u., 135 o., 139 u., 141, 143 o. + u., 145 o. + u., 147 o., 149 o., 151 u., 155 o. + u., 157 u., 158 u. **Neuschwander/ IKAN:** 65 o., 123 o., 133 u.; **Reiserer/IKAN:** 23 o. **Voigtmann/IKAN:** 109, 110 u. **Peter Wirtz:** 33 o., 35 u., 37 u., 39 o., 43 u., 45 o-i, 47 u., 49 u., 50 u., 57 o., 59 u., 61 o., 61 u. + u-i, 65 u., 67 o., 71 o., 73 o., 79 o. + u., 83 u., 85 o., 87 o., 91 o., 93 u., 95 o., 103 o-i, 105 o-i + u-i, 111 o. + o-i, 118 u., 125 u., 131 u., 135 o-i, 137 o. + u., 153 o. + u. + u-i.

LITERATURVERZEICHNIS • BIBLIOGRAPHY

ALLEN, Gerald: Butterfly and angelfishes of the world, Mergus Verlag 1979. BIANCHI, Gabriella: Field guide to the commercial marine and brackish water species of Pakistan. Food and Agriculture Organization of the United Nations 1985. BIANCHI, Gabriella: Field guide to the commercial marine and brackish water species of Tanzania. Food and Agriculture Organization of the United Nations 1985. DEBELIUS, Helmut: Fischpartner Niederer Tiere/ Colourful little reef fishes, Hobbing Verlag 1986. DEBELIUS, Helmut: Unterwasserführer Rotes Meer Fische/Underwaterguide Red Sea Fishes, Naglschmid Verlag 1987. EIBL-EIBESFELDT, Irenäus: Die Malediven. Piper Verlag 1985. FRICKE, Hans: Bericht aus dem Riff, Piper Verlag 1976. GRZIMEK, Bernhard + LADIGES, Werner: Grzimeks Tierleben, Band 4 und 5. Kindler Verlag 1970. KLAUSEWITZ, Wolfgang: Litoralfische der Malediven, Senckenbergiana biol. 53–55, 1972–1974. RANDALL, John: Red Sea Reef Fishes, Immel Publishing 1983. SCHUHMACHER, Helmut: Korallenriffe, BLV 1976. SMITH, JOHN + SMITH, Margaret: The fishes of Seychelles. Dep. Ichthyol. Rhodes Univ. 1969. SMITH, Margaret + HEEMSTRA, Philipp: Smith's Sea Fishes of South Africa, Springer Verlag 1986. SPRINGER, Victor: The Indo-Pacific Blenniid Fish Genus Ecsenius. Smiths. Contr. Zoology 465, 1–134, 1988. THRESHER, Ronald: Reproduction in Reef Fishes. TFH Publications 1984.

DANKSAGUNG • ACKNOWLEDGEMENT

Für hilfreiche Kommentare danken wir Helmut Debelius. Profs. P. H. Castle (Wellington, Neuseeland), J. E. Randall (Honolulu, Hawaii) und K. Matsuura (Tokio, Japan) halfen uns bei der Bestimmung von Muränen, Papageienfischen und Kofferfischen.